献给我的父亲张于良（1954～2020）

当 | 代 | 中 | 国 | 社 | 会 | 变 | 迁 | 研 | 究 | 文 | 库

GARBAGE
WAR

Green Governance,
Technological Controversies and
Environmental Activism on Waste

张劼颖　著

垃圾之战

废弃物的绿色治理、科技争议与环保行动

 社会科学文献出版社
SOCIAL SCIENCES ACADEMIC PRESS (CHINA)

张劼颖

中国社会科学院社会学研究所助理研究员。香港中文大学人类学博士，北京大学社会学硕士。中国科技社会学专业委员会理事、中国农业社会学专业委员会理事。作品《废品生活》先后在香港、内地出版并再版，获得"深港书评年度十大好书"等奖项和赞誉。中英文学术作品发表于《开放时代》、《社会学研究》、《文化纵横》、*China Perspectives*、*East Asia Science, Technology and Society* 等国内外社会科学重要学术期刊。关于废弃物研究的"一席"演讲获得了广泛的社会关注。先后接受《北京青年报》《新周刊》等媒体的采访、报道。和万科基金会共同发起的"息壤学者计划"，是国内首个支持废弃物研究、培育学术共同体的学者资助项目，推动中青年学者广泛参与废弃物研究。同时也是凯风公益基金会支持的"凯风学者"，"面向当下的人类学"学术沙龙召集人。

摘　要

本书试图呈现一幅关于一个城市垃圾治理的图景。这幅图循着两条线索绘制。一方面，这是关于垃圾的故事，研究试图再理解垃圾，即回答社会行动、技术设施、治理方案、生活实践如何重新塑造和界定作为"社会之物"的垃圾。另一方面，这是关于一个城市环境治理的故事。透过对这些问题的回答，本书试图以垃圾为棱镜折射当代中国复杂的环境与社会现象，尤其是物质、环境、治理、行动之间的动态关系。

以 A 市为例，本书分别从垃圾问题的社会根源、围绕处理技术的科技争议、垃圾分类作为新治理举措等方面，呈现当代中国废弃物作为社会/环境问题及其治理的一个切面。第一章说明本书的研究问题、理论路径和研究方法。第二章分析当代中国高速城市化和消费社会急速发展所带来的垃圾污染问题。第三章检视围绕当前主流的垃圾处理技术——垃圾焚烧的主要争议。接下来，第四章提供一份民族志，并说明环保组织如何参与环境治理。第五章描绘了 A 市推动的垃圾分类运动，呈现了全市的垃圾分类行动与一个微观的垃圾分类项目案例，并指出垃圾分类是一整套基于新伦理的知识和实践，在结论中，本书试图再理解废弃物，将废弃物视为一个动态的范畴，国家、市场、科学技术、普通消费者、环保行动者等多个行动者共同生产、竞争、建构其意义。

目　录

1

导言

2012 年夏天，我带着对两件事的好奇心来到 A 市。第一，环保。我听说这里有着极富生命力的环保活动，而随着社会组织开放注册、政府鼓励环保的民间参与，环保组织日益活跃。我想要一探究竟，这些致力于改善环境的社会活动是如何展开的。第二，垃圾，这个令人厌恶的、消费社会的副产品，现代城市生活的"排泄物"。过去数年，我曾经在城郊跟踪调查拾荒者，看废品经济的运作与实践。当时，尚未从生态环境的角度想象垃圾。或者说，并未天然地将垃圾问题视为环保问题。随着对垃圾的观察，一些现象开始令我困惑和隐隐不安，例如，无限丰盛的消费带来了每天丢弃的大量垃圾，这些垃圾去哪里了？而当时，在 A 市，一场由垃圾引发的环境运动正在发生。这事件令我迫不及待地想尽快打包行李、奔赴田野。

在 A 市，两个兴趣点很快合而为一。垃圾成为 A 市环境治理的一大焦点。一方面，是将废弃物纳入城市卫生和市政管理，致

1

力于解决好垃圾问题的当地政府。在这一目标下，处理设施、技术升级更替，垃圾分类也提上议程。另一方面，是将垃圾视为重要议题的环保组织，跃跃欲试，想要消减垃圾及其处理设施带来的环境污染，提升居民对于垃圾的环保意识，推动更为环境友善的垃圾治理方案。以往不为人所注意的废弃物，在当地成为诸多争议的焦点。

对于废弃物制造与治理的来龙去脉稍加探究，就知道这并不意外。随着消费社会和城市化的高速发展，中国早已成为全世界垃圾产量第一的国家。我国城乡都面临着垃圾处理的迫切需求，更不用说像 A 市这样人口密集的大城市。一方面，每天产生的城市固体废弃物源源不断，产量不断攀升；另一方面，现有的垃圾处理设施能力不足，跟不上垃圾增长的速度，垃圾围城，造成污染。一套行之有效的垃圾治理办法，正是 A 市目前急需的。

卫生填埋①曾经是中国采取的主要垃圾处理方式。然而，随着城市的高速扩张，想要在城市周边找到用于建设填埋场的土地，变得越来越困难。在这种情况下，中央和地方政府开始把目光投向另一项技术——垃圾焚烧，计划将其作为未来垃圾处理的主流技术。A 市和其他几个大城市，成为最早兴建垃圾焚烧项目的地方。2006年，A 市的第一座垃圾焚烧厂开始运行。在 A 市的计划中，将陆续建造 7 座垃圾焚烧厂，以处理全市的所有垃圾。这些焚烧厂分布在 A 市的四周远郊地区，具体情况见表 1-1。

---

① 有关这种垃圾处理技术的确切含义，将在第二章当中做出详细介绍。

表 1－1　A 市垃圾焚烧设施建设计划表

设施	位置	工期
第一资源热力电厂	西部 1	使用中
第二资源热力电厂	西部 2	2014 年 6 月 18 日开工
第三资源热力电厂	中东部	2014 年 6 月 18 日开工
第四资源热力电厂	南部	被抗议后重新选址
第五资源热力电厂	西北部	2014 年 6 月 18 日开工
第六资源热力电厂	东部	2013 年 12 月 18 日开工
第七资源热力电厂	北部	2013 年 12 月 18 日开工

资料来源：A 市市政府文件"2013 年 7 月～2014 年 6 月垃圾处理设施倒排工期计划通报"。A 市城市管理委员会印发。

第一资源热力电厂，包括两个焚化炉，即 A 市当时已在运行的一座焚烧厂。

垃圾焚烧技术，就是用焚烧的方式来消除垃圾。通过高温的锅炉燃烧，把垃圾转化为灰烬、烟气和热量，辅以对于排放物的无害化处理。垃圾焚烧本身不是新技术。在焚烧厂作为市政公共设施之前，就有垃圾就地露天焚烧的做法。不过，目前我国采用的是垃圾焚烧发电技术，这种新兴科技可以把燃烧垃圾产生的热能转化为电力，再把电力输送到国家的电网。作为一种从废物到能源的技术，焚烧技术不仅能够快速、高效地处理垃圾，还能够产生电能，符合国家可持续发展的战略。因此，国家计划把垃圾焚烧作为未来垃圾处理的主要方式。

垃圾焚烧项目意图良好，但是居民担心垃圾焚烧厂带来的污染，垃圾处理场不仅可能影响他们的生活环境，还可能带来长久的健康隐患。居民们担心焚烧厂排放的烟气当中的有毒害物质可能致癌，还可能导致一些慢性的病变。

要如何理解并书写这矛盾重重又激动人心，孕育着新现象、新实践、新观念的 A 市垃圾治理图景，是本书面临的一个难题。以往的社会科学研究较少关注垃圾问题，或者说，尚未将垃圾纳入社会问题的范畴而加以研究。垃圾当然既是环境问题，又是社会问题。或者不妨大胆断言，环境问题本身就是社会问题。因此，在本研究中，我尝试将"垃圾的污染与治理"这一生态环境的课题，作为社会问题加以理解，并将与之相关的现象作为社会事实进行剖析，书写一部关于环境治理的民族志。

这幅垃圾治理的图景异常丰富，其中充满着多元的、相互竞争着的行动、观念、话语、知识、技术。如果简单地遵循既有范式，对于作为物的垃圾本身视而不见，忽略技术等相关社会事实，只关心人——例如分析政府治理的逻辑和行动，或描绘环境抗争的组织和策略等——那么只是为既有的框架增添了新的案例和注脚，不能令人满足。因此，本书还尝试对垃圾本身，即垃圾的物质性（materiality）做出理解。换句话说，通过书写一个城市的垃圾治理的故事，尝试再理解垃圾是什么，它如何与人类行动者共同编织了如此丰富的社会事实。基于物质性的视角，这不再只是关于人类并且只关于人类的老套故事，还包括对于物质、设施、技术，以及相关的话语、知识的观照。

1.1　研究的理论路径

如前文所述，为了理解 A 市垃圾治理的故事，本书尝试性地结合环境的社会研究、物质性研究以及社会运动研究。对于相关社会事实的分析和理解主要通过以下进路完成：废弃物研究、科学与技术的社会研究。在废弃物研究领域，本书试图借鉴"后人类"的理论思潮，增进对于垃圾的物质性的理解。在科学与技术的社会研究（STS，Science and Technology Studies）领域，本书尝试从全球性的科技与地方文化的互动这一角度，回应有关"科技的普遍性"的问题，并且批判地对话拉图尔的行动者网络理论（ANT，Actor-Network-Theory）。

1.1.1 废弃物的文化研究、物质经济与社会生命

1. 废弃物是什么

Thompson（1979）率先提出，废弃物①是一个历史的范畴。在不同的历史阶段、不同的社会情景下，对于废弃物的界定是不同的，人们和垃圾制造有关的生活习惯也是随历史变化的。Strasser（1999）研究英国和美国的废弃物历史，提出在农业社会中，废旧物会被再造和再用，直到工业社会，人类生产生活当中的循环的物质流动系统才逐渐变成了一个单向的系统。18 世纪到 20 世纪经济系统变迁的历史，也是"现代的"垃圾制造的历史。在 18、19 世纪，对旧物的改造是生产和生活中一项人人必备的技能。19 世纪，有一套废旧材料的回收网络，和商品销售系统并行运转。这个回收

---

① 确切地说，我所研究的是有关"城市固体废弃物"（municipal solid waste）。在中文里，一般生活的情境中，人们不会使用"废弃物"这个词，这个词只有在学术研究中，还有官方文本当中，如正式的文件或者行政的头衔中才会出现，例如城管委的"固废办"（固体废弃物管理办公室）。在本书中，一般情况下，我混用通俗的"垃圾"和书面化的"废弃物"这两个词语。

体系随着新型交通运输和销售系统的兴起而衰落。19、20 世纪之交，一种"新的就是更好的"的消费文化兴起，人们逐渐相信，基于技术升级和风格革新的商品的更新换代是必须的。与此同时流行的还有"清洁""方便"的观念，以及为此生产的一次性卫生用品，如卫生巾、餐巾纸。如此，一套我们现在熟悉的"垃圾文化"——丢弃、更新而不是维修、再用——才逐渐形成。O'Brien 指出，在当代，垃圾已经成为一个全球性的重要现象，垃圾和我们的生活息息相关，是"我们生活的一个丰富的、重要的维度"（2007：10），我们已经进入一个"垃圾社会"。

Hawkins 和 Muecke 认为，只有和物的价值联系起来，才能理解废弃物。他们指出，"垃圾就是当价值离去后，留下来的那些东西……是对我们而言不再有价值、不再有意义、不再有用的物质"（2003：4）。在功利主义经济学那里，垃圾的价值趋近于零。经济学从成本、收益的角度计算某物是否应该被丢弃。在流行的文化和美学当中，垃圾常常充当负面的、消极的符号，用来指代没有任何意义或益处的事物。尽管如此，如果从当代艺术或环保的角度看，垃圾又可能有一种美学价值和伦理意义。Frow（2003）提出，物的价值对于不同的社会阶层来说是不同的，中高阶层的废弃物，对于较低的社会阶层来说，可能是有价值的。废弃物的制造也是一个高度阶层性的实践，中高阶层可能通过"浪费"来再生产一种社会阶层的区隔，因此，废弃物是因人而异的。Taussig（2003）进一步指出，对于不同的主体、物种来说，事物的价值不同。例如一片废弃的场地，对人而言是废弃的、无用的死地，需要改造，对于生活于此的生物，如青蛙来说则未必，这片废地可能是生机勃勃的。

综上，"废弃物"是一个灵活、开放的范畴。垃圾以及有关的实践，随着现代化的进程尤其是资本主义的兴起、消费社会的形成而产生，在不同的历史阶段、不同的社会当中，丢弃什么、如何丢弃，都是不同的。此外，废弃物需要和价值联系起来理解。垃圾通常被认为是没有价值的东西，不值得被保留或再用。不过，物的价值对于不同的主体来说是不同的。什么是废弃物，不仅仅因社会阶层而异，还因人而异，从生态的角度来看，甚至因物种而异。

2. 如何理解与垃圾有关的生活实践

Muecke（2003）指出，丢弃垃圾，作为一种现代人最日常的生活习惯，是一种和自我有关的实践。换句话说，我们在丢弃垃圾的过程中界定着我们自己。每一次丢弃垃圾的行为，我们都在决定什么是和我有关的、什么是和我无关的，什么对我有用、什么对我没有用。因此，垃圾是一个划定边界的符号，它界定了什么属于我、什么是我的一部分、什么必须离开我。

Hawkins（2003，2006）也强调，我们以某种特定的方式丢弃垃圾，实际上是一种 Foucault 意义上的自我技术，也是一场文化的表演。丢弃垃圾是一种日常仪式，就像如厕后洗手、冲厕所一样，我们"自我照顾"，感觉到这是自然的、非强制性的。这是有伦理意义的，我们在这种实践当中不断净化自我，管理私人空间，移走和消除污秽的、负面的东西。换句话说，丢垃圾跟道德有关，以"正确的"方式丢弃垃圾，令我们感觉到洁净、正当，是一种美德；浪费、随意乱丢的行为是反社会、不文明、没有自我约束力、不顾他人的，是令人感觉内疚的。

Hawkins（2006）还提出，有关垃圾的环保主义实践，例如减少垃圾、减少污染，尤其是与道德和伦理相关的。Hawkins 批判环保主义：从道德的角度来讲，环保的行为确实令环保者们自我感觉良好。不过，环保者和他们所批判的人实际上是一样的，同样对垃圾充满厌恶和恐惧，认为垃圾是负面的、污染的，自然本身是洁净、纯粹的，垃圾是人对纯洁自然的污染；同样地认为垃圾应该被消除。环保主义者只是倡导要以更加环境无害的、"更好的"方式消除垃圾，达到更加彻底的纯洁和净化。另外，环保主义者强调环境的恶化、地球的污染甚至未来的毁灭是普通人的责任，这样就把环境问题个人化了，好像这不是国家或资本的责任。这种道德重负，激起普通人的罪恶、焦虑、无能为力感。普通人常常觉得环保主义对他们的道德说教是强加于人的，令人憎恶。这也是为什么环保主义者倡导的垃圾环保运动从未完全成功，面对垃圾分类的呼吁，人们总是不安、不服从。而在垃圾分类运动比较成功的日本，垃圾分类已经转化成为一场公共表演，它成了家庭主妇们专业技能的竞争、身份认同的展示和实践。

3. 如何理解废弃物处理技术

Kennedy（2007）提出，"垃圾"的本体和现代科技密切相关。是现代化的科技让垃圾成为可能：工业化带来了便宜的劳动力和原材料；新技术降低了对物质的开采、运输和通信的成本；新材料尤其是塑料的发明，构成了物质可以被当作垃圾丢弃的基础。此外，"在技术世界当中，垃圾就是要消失的"（2007：封底）。换句话说，垃圾处理技术致力于让垃圾消失。

Strasser（1999）指出，从历史的角度看，垃圾处理技术的发展和洁净、卫生的观念不可分割。电力取代烧煤烧炭、供水系统进入千家万户、汽车取代马车，都令人们逐渐无法忍受垃圾在城市中堆积。最初垃圾被认为是家户的事情，直到 19 世纪末，垃圾处理逐渐变成"市政卫生"的职责，确定下来垃圾既不属于家庭事务，也不属于私营公司的业务，而属于政府工作范畴。这段时期的历史中有两点非常有趣。第一，Strasser 提醒我们，虽然今天的环保主义者把垃圾分类视为新的环保实践，事实上，垃圾分类有着漫长的历史，它不仅仅是每家每户的传统，在 20 世纪早期的美国还广泛出现在市政法律中。这些法律直到"二战"后才逐步废除。不再要求市民分类的主要原因是新技术的产生——焚烧和填埋。这两项技术因为不需要垃圾分类而大受欢迎。第二，在 1910 年前后，垃圾焚烧技术曾经在北美兴起，最多的时候垃圾焚烧厂达到 300 多座，但是 20 世纪 30 年代晚期，焚烧技术没落了，被英国的新发明——填埋技术取代。因为当时焚烧技术尚不成熟，填埋是更加清洁的技术。

现代城市中，垃圾处理设施属于城市卫生系统的一部分。以往有研究探讨城市卫生系统的符号含义，尤其是洁净与脏污的象征意义。Hawkins（2003）提出，现代的卫生设施，包括垃圾处理和排污系统，都作用于净化城市空间，隐藏和移除那些脏污的、不被需要和不想接受的东西。Laporte（2000）认为现代的清洁排污系统，实际上是国家权力的隐喻。在排污设施被建构的过程中，人们逐渐学会了把污物隐藏在私人空间，而不是暴露在公共领域，例如，一个带有卫浴和厕所设备的卫生间逐渐成了私人家户当中必备的设施，人们学会把身体、排泄行为私密化。排污系统作为一种"净化的力量"，划分着私人领域和公共领域的界限，人们把不洁净的放进私人的空间隐藏起来。一方面，排污、排泄被判定为私密的，应从公共领域中消失。另一方面，几乎与此同时，卫生系统，又和水、电系统一起，把我们和国家联系起来。这样，国家不需要直接介入我们的家户内部，就具有一种净化的力量，移走污秽的东西。在这个过程中，国家获得一种超越世俗的权威和神圣感、一种公益和善行的气息。

最终，垃圾处理设施总是不可避免地涉及环境公正的问题。垃圾是所有人共同生产的，却总是不公平分布。在同一社会中，高阶层生产更多垃圾，但是垃圾总是流向低阶层（Baabereyir et al.，2011）；在全球范围内，富裕的国家制造更多的垃圾，而垃圾的污染总是流向发展中国家（Moore，2010）；同样地，和有毒垃圾一样，垃圾处理技术也总是从更发达的国家和地区流向发展中国家和地区，而发展中国家缺乏把垃圾移除的能力（Khoo and Rau，2009）；垃圾处理设施还制造代际不公，因为这些垃圾处理方法不是生态友好、可持续的，当下有效率的处理方式，可能给后代留下被污染的环境和匮乏的资源（Watson and Bulkeley，2005）。

综上，作为城市基础设施的垃圾处理设备，属于现代城市卫生系统的一部分，它和现代的"卫生"观念伴生。这些技术视垃圾为肮脏的、不洁的，作为一种"清洁"的技术，它致力于净化城市空间。真实历史中，垃圾处理最终成为政府的职责；象征意义上，垃圾和污物处理表征着国家的权力。此外，垃圾总是高度政治性的，和环境公正问题紧密相关。

当前的废弃物研究从文化的角度理解垃圾，丰富了我们对垃圾的理解，但是其局限性在于：只聚焦在废弃物和消费者的关系当中理解垃圾，没能把垃圾置于更宽广的政治经济关系当中理解其作为物质的生产、转化、流动的整个过程；没能考察垃圾作为"能动之物"的能动性和社会建构作用。所以，本书在借鉴上述研究的基础上，将会弥补上述两种角度的局限。

首先，我会借用 Appadurai（1986）的"物的社会生命"（social life of things）概念以及拉图尔的 ANT 理论工具，对 A 市的垃圾现象进行分析。此外，我使用马克思的政治经济学对垃圾的资本主义物质经济做出分析。马克思（2004）将人类的生产活动分为生产、交换、分配和消费四个阶段。在资本主义生产过程当中，物质首先作为原料从自然界当中被开采，而资本追逐利益最大化的冲动，决定了其永远选择成本最低的原料，而这又决定后期生产的商品的材质与形态。在生产过程当中，劳动力与原材料结合，将商品生产出来。而在分配和消费的过程中，伴随着生产过剩、福特主义生产模式的兴起，为了追逐利润，资本尽可能地刺激大众大量消费、购买新商品，丢弃废物或旧产品，在此过程中，物质被大量制造为垃圾。在线性生产系统当中，环境被界定为免费获得原料的场所以及排放废弃物的场地。

基于上述理解，我用图 1 - 1 梳理垃圾从生产到被处理的社会生命历程。

- 生产：垃圾的"前世"，企业生产包装物、有预期使用寿命的商品、食物。垃圾的意义对于企业而言是不存在的，未来的废弃物很少被考虑，一切采掘和生产围绕着降低生产成本、促进销量、提升利润展开。

- 消费：消费者消费商品、丢弃垃圾。丢弃：垃圾的"降生"，消费者丢弃垃圾，垃圾进入垃圾容器。垃圾对于消费者而言是消费商品过后不受欢迎的剩余物、附属物，具有污秽和毫无价值的特性，因此需要被丢弃、被移除。

- 运输：垃圾进入收集运输的中转场所，包括垃圾桶、垃圾运输车、垃圾中转站。垃圾成为城市治理部门和清洁工人处理、消除的对象。这个阶段的垃圾对于普通消费者而言是一种污染物。

- 回收：垃圾的"重生"，流入回收再造系统。对于环保者而言，垃圾意味着从地球攫取的物质资源，因而应该尽可能地被回收再用。也有再造企业将垃圾当中的可回收物视为原材料。不过只有回收成本低、容易收集的那部分垃圾才会被当作原材料。

- 处理：垃圾的"死亡"，来到垃圾终端处理设施，如填埋场、焚烧厂、堆肥厂。在技术世界里，垃圾被视为必须被消除的物质。技术致力于更有效地、集中地、大规模地消除垃圾。

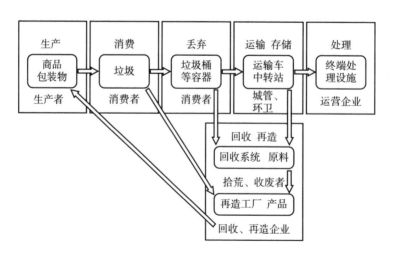

图 1-1　垃圾的社会生命

对照图 1 - 1 可见，前述废弃物研究注重从消费者和垃圾的关系中理解垃圾，更多地强调消费和丢弃这一阶段，没能理解垃圾的全部社会生命。本书对垃圾的理解将结合垃圾的文化研究以及物质经济当中社会生命的框架。在后文中，还将尝试引入对于垃圾的 ANT 分析，一方面以 ANT 分析围绕垃圾产生的社会现实，另一方面以垃圾的案例反思 ANT 的局限与不足。

1.1.2　科学与技术的社会研究(STS)及其在政治生态学中的应用

为了充分理解环境运动当中行动者—权力—知识的复杂动态关系，本书关注围绕垃圾焚烧的技术争议。为了理解垃圾、垃圾的处理技术以及科学知识，我将会借助科学与技术的社会研究的进路来分析垃圾焚烧技术以及围绕这项技术产生的争议。

STS 把科技作为研究对象，试图理解科学技术领域当中的"专家"和"知识"是如何被建构的。换句话说，它是"一个发展中的交叉学科领域，把科学知识和技术的生产放在一个社会的（文化的、政治的）脉络中去考量"（Law，2004：12）。这种理论对科学技术持建构论式的理解，并不是说要把科技知识解构为非真实的、虚假的，而是要把科技知识当作被建构的社会事实（Sismondo，2010），把科学作为一种文化来研究（Franklin，1995）。

1.1.2.1　拉图尔的 ANT 理论及批评

在 STS 的诸多理论资源和概念当中，拉图尔的思想尤为重要。他的学说囊括对于科技的人类学研究，对于现代化的哲学思考、政治生态学研究，以及对于"社会联结"的社会学思考（Anders

& Jensen，2012）。其中给本书以启发的主要是以下两点。首先，拉图尔说明为什么要研究科技，以及应该如何研究科技。他（Latour，1993）指出，并没有截然对立的、实质化的"传统"和"现代"的知识。科学知识也是一种地方性知识，人类学可以像研究某种地方信仰一样，研究这种现代社会的"巫术"。实验室这种现代化、高科技的场所，亦可以成为人类学家研究的田野。拉图尔及伍尔加（Latour & Woolgar，1979）展示了科学知识是如何在实验室当中被生产出来的。他们指出实验室知识是被异见者推动的，异见者致力于生产一种更好版本的理论，直到获得一种稳固的地位，这种理论就被认为是稳定的事实，成了科学真理。当然，没有任何真理可以永远稳固。拉图尔（Latour，1988）还通过科学史上的具体案例展示了一种科技知识是如何在当时众多竞争的学说当中脱颖而出、"胜出"而成为真理的。他指出某一个科学家的一种理论成为"真理"，和当时的社会思潮、社会运动，以及某个社会群体的推动是分不开的。这种理论被接受，是因为社会已经"准备好"接受它。反过来说，一种科学事实并非简单地被学术界的某个科学家"发现"，而是一整个行动者网络共同生成了这个现实（1987）。

其次，拉图尔的 ANT 理论（Latour，2005）不仅解释科学事实是如何生成的，还试图解释社会本身是如何生成的。他指出，在传统的社会人类学当中，社会本身被当作一个实体、一个独立的现实领域，被用来解释其他现象。而他认为，需要先解释的是社会本身，即：社会是什么，社会世界是如何生成的。他的回答是，社会世界在人和非人（non-human）所组成的行动者网络中生成。第一，在这个网络里，行动者包括人，也包括非人。拉图尔认为非人也会具有能动性，他将这种具有能动性的物称为"能动之物"（actant），"能动之物"和人类一起，共同作用于社会世界的建构。物的能动性在于，它不仅仅是被人类主体认知的对象，它们是可以"让事情变得不同"的（make differences）（1999：117）。第二，任何行动者都不仅是中介（intermediary），还是转译者（mediator），其行动是一种转化。以往的社会理论把行动者当作中介，就是把行动者当作黑盒子，有某种输入，根据社会和文化的特定规则，就会产生某种相应的输出。相对于把行动者当作中介的理解，把行动者当作转译者就意味着强调行动者的能动性，以及输出的不确定性。也就是说，对于既定的输入，行动者的输出是不能够被完全预测的。

拉图尔的大胆学说引发了一系列的批评。在认识论层次，有批评指出，这一学说完全取消主体和客体的区别令人难以接受，对于知识作为一种主体对客体的表征这一本质的否定也是错误的（Bloor，1999）。还有批评认为其学说主张非人之物和人具有同等的政治权利与其理论是自相矛盾的，本质上是无法实现的（Shapiro，1997；Whiteside，2013）。最后一种批评我认为最有道理：拉图尔的 ANT 理论基于一种"自然化的本体论"，即没能把社会现实去自然化，它不是一种批判理论，无法揭示人类社会组织中的不平等和非正义（Whittle & Spicer，2008），也无法剖析社会阶层间的剥削以及全球的不平等（Hornborg，2014）。

本书使用 ANT 理论，是为了能够更充分地理解垃圾治理当中的非人因素，如垃圾、垃圾的处理技术、垃圾处理设施、垃圾的衍生物，如焚烧产生的污染物二噁英，是如何作为一种"能动之物"，参与编织和建构相关的社会现实的。使用 ANT 理解垃圾问题，将垃圾现象看成"垃圾—垃圾处理技术—政府—环保运动人士—垃圾处理企业—商品生产者—消费者"共同建构的一个"行动者网络"（Actor-Network），就可以进一步理解人类有关垃圾的实践，解释围绕垃圾展开的环境运动。正如拉图尔（Latour，2005）所言，ANT 不是一种理论，而是一种研究方法、一种分析工具，帮助分析不同的要素是如何联结起来的，追溯这些联系、转译和协商的过程。一方面，我使用 ANT 分析垃圾这个动态的垃圾网络；另一方面，我赞同对于 ANT 欠缺批判性的分析。因此，本书批判地使用 ANT，在对各个行动者进行分析的同时，还会检视这个网络当中有哪些力量是更具决定性的、有哪些不平等的权力关系被生成。

1.1.2.2 STS 理论在政治生态学当中的应用

Bennett（2010）把 ANT 理论，尤其是"能动之物"的概念运用到政治生态学（political ecology）研究当中。类似于"能动之物"，她提出"活力之物"（vibrant matter）概念，说明"物"不一定是消极的、被动的、顽固的、为人所操控和预料的。相反，非人可能有自己的行动轨迹、偏好，以人类未曾预料的方式对世界产生某种效力，做出某种改变——这未必是人类计划和控制的，例如一次病毒的侵袭、一场台风、一种新电子游戏，都会对现实世界构成出人意料的影响和改变。Bennett 指出垃圾就是"活力之物"的一个绝佳的例子，"（垃圾）作为活的物质，永远也不会被扔掉，就算是被丢弃或者不想要，它还是会持续它的活动"（2010：6），"我们的垃圾在填埋场里并没有'离开'，而是在持续地生成活性的化学元素，以及不稳定的气体甲烷"（2010：前言）。事实上，把非人之物说成活的，并不像看上去那么疯狂，Bennett 只是试图挑战一种人类中心的视角——认为人位于世界的中心和顶端，掌管、统治、主宰着所有的物，事实上，很多时候物是以不受控制、出乎意料的方式改变着我们的世界的。她提倡一种"平化"的视角：人类并不处于物质世界的中心和制高点。由此，我们可以重新关注和研究一些以前未曾注意之物——例如细菌、垃圾——如何参与建构我们的社会世界。带着这种视角，还可以重新审视我们所处的生态环境、重新理解环境污染、反思环保主义的理论和实践。在哲学领域，Hird（2012）也提出类似的主张，指出应该把主体间的、情境的认识论进一步拓展到非人，这种拓展可以从废弃物这个重要的现象开始，以一种环境的视角来重建认识论。

近年来一些研究者提倡一种 STS 和政治生态学交叉领域的研究方法（Goldman et al.，2011）。Goldman 等人指出，环境政治实际上是环境知识的政治，环境知识决定了人以不同方式涉入其中的物质世界。换句话说，人对于环境的行动，基于人如何理解环境，也就是对于环境的不同的知识主张。更具体地说，环境政策的制定、对生态资源的使用方式、对生产生活方式的选择，都受到不同环境知识的影响。基于这种对于环境政治的理解，STS 的方法，尤其是 ANT 理论就是一种特别有效的工具。STS 相信，某种"胜出的"占主导地位的知识——很多时候就是科学知识，并非对自然环境唯一客观真实的表述。科学本身也是一种情境性的文化实践。环境知识的生产者可能是某地方的使用者，也可能是科学家、专家，他们对自然环境有着不同的感受、表述、主张、假设、视野、管理技术。

使用 STS 的眼光，就是要分解这些知识，看这些知识是如何在不同的行动者之间生产、应用、循环和竞争的。一个例子是 Wynne（1987）使用 STS 的方法分解关于有毒废弃物的知识。他指出，对于有毒垃圾的界定实际上非常复杂，行政管理者决定垃圾是否有毒，主要是基于专家和实验室的意见。一种物质是否有毒，通常取决于其浓度。而有毒和无毒的界限浓度实际上非常难以界定，而毒性对健康影响的研究结果随着时间改变，也因地域而不同，其最终判定通常是人为的结果。只有专家和社会公众共同参与协商，才能够更充分地理解有毒废弃物的风险。

更进一步，借鉴 ANT 理论，Goldman 等人还指出，"科技和社会是共同生产的"（2011：13），例如，一种农作物的农药残留物化学实验的新知识产生，就会影响输入国食品安全的规定，从而影响输出国农民的种植行为。在更早些时候，Jasanoff（2004）提出科学知识与社会的共同生产作为一种"风格"，是一种诠释复杂现象的方法，它避免了单一的社会决定论或自然决定论。结合 ANT 理论与政治生态学，研究知识与社会事实共同生产的人类学研究例子：Hathaway（2013）发现，云南的物种保育，尤其是大象保育活动，同时也塑造了云南当地的国际地位、影响了当地人的行为；Yeh（2013）有关西藏农业和城市发展的研究则指出，城市景观和国家权力的建构是一个相互交织、同时生成的过程。

和本书类似，有人类学民族志采取 STS 视角，研究环境运动中的科学与知识问题。Berglund（1998）研究了 20 世纪 90 年代德国环保运动，发现德国环保者在行动过程中，一边重新理解科学，一边重新概念化"自然"。他们对于自然环境的理解，基于自然科学的世界观，又融合了其他元素，如对风险的感知、身处现代社会的生存焦虑、无法表达的政治诉求、团体认同感。同时，他们操作着科学的概念，不断界定科学是什么、可以做什么。他们和科学知识的关系是矛盾的：一方面，这些环保者们是科学的批评家，挑战着科学家的专业性；另一方面，他们又"像学者一样再生产他们正在批评着的科学的元素"（1998：168）。Berglund 指出，"科学家在社会文化当中建构了科学事实，大众以自己的方式使用这些知识"（1998：122，强调为作者所加）。

Choy（2011）研究香港的环保运动，他呈现了环保运动当中的生态知识是如何被环保主义者、当地居民和科学家共同生产出来的。首先，这些知识是高度社会化的。例如，对濒危物种的研究和界定，交织着一种对于地方性的关心。另外，通过翻译、连接、动员、比较等一系列实践，关于自然环境的知识被编排和言说出来。其中最重要的科学/文化实践是"比较"。他发现无论是科学家，还是环保者都在持续地进行着各种比较，例如跨文化、跨地域比较，某物与某物的比较，以及无时无刻不在比较当地和其他地方的同与异。通过比较，来区分什么是普遍的、什么是特殊的，以此界定一种事物的独特性，从而生产一种看似客观的生态知识。

综上，带着政治生态学的眼光和 ANT 理论的视角，我注意到垃圾这一非人之物在相关社会问题当中的重要角色。我不会仅仅关注环境行动当中的人类行动者，还会把垃圾、垃圾衍生的污染物、垃圾焚烧设备、处理技术这些非人的元素纳入分析。这也是为什么围绕焚烧技术的争议，成为研究的一个重要主题。更进一步地，透过 STS 的方法，我把近年来与垃圾有关的治理行动与环境行动解读为一个全球性的技术被应用于地方、科学技术和当地知识互动的过程。我检视在这个过程中被激发出来的行动和话语、被再生产的知识和被重新建构的社会关系，即研究"知识和社会共同生产"的问题。最后，相对于同样以人类学方法研究环保当中的知识和科技问题的 Berglund（1998）和 Choy（2011），本书的不同之处在于：我不仅研究环保行动当中有什么样的知识被生产出来、这些知识是如何被生产的，还关心一个双向的过程，也就是，这些知识又是如何作用于社会行动的，对这些知识的应用是如何改变当地社会的。

1.2　田野、方法与反思

2012 年 9 月，我来到 A 市展开研究，2013 年底正式结束田野工作。收集资料的方式主要是参与观察、观察和访谈。虽然 A 市环保者们真诚、开放，田野初期，我带着闯入者的突兀和刺探者的古怪身份，仍然免不了进入的障碍。有环保组织者的干事直接问，"人类学研究有什么用？来我们这里做调研的人很多，你做的这个研究，对我们有什么用？"我因无法当即回答而心生惭愧。最初只能作为志愿者、活动参与者，不断参加环保组织的活动。一方面，为这些组织提供志愿服务；另一方面，也有机会和他们进行大量的交流，交换对各种事物的看法，逐渐从"闯入者"变成"自己人"。

随着进入田野，我的主要身份和角色固定下来，主要有两个，一个是环保组织的志愿者，另一个是废弃物研究机构"CG研究中心"的实习生。A市环保组织的工作语言为普通话和当地方言，CG研究中心的工作语言为普通话。我大体可以听懂当地方言，而环保组织EC的成员们成了我的方言老师，热衷于教我用当地方言和他们交谈。

EC是一个针对垃圾治理的环保组织。反对A市垃圾焚烧厂的邻避抗议成功后，核心参与者成立了这个组织。作为组织的核心志愿者，我参加了EC的日常活动。我不仅和他们一起工作，也共同度过了大量的闲暇时光。在工作日，如果没有外出工作，我会去EC办公室工作，中午一起吃饭，下午继续回办公室干活，这成了例行的日程。如果外出工作，"有事情喊上我一起"也成了一个惯例。作为一个环保组织，EC每周有多过一半的时间在外工作。外出工作包括参加各层级政府的会议；环保组织和其他环境行动者的正式会议和非正式聚会；走访展开垃圾治理的街道，并和街道、物业座谈；在社区调研、分发问卷；参观垃圾处理设施并走访附近村落；访问相关科研机构、企业并进行座谈等。我就跟着EC跑遍A市。此外，还跟着EC在一个垃圾分类试点写字楼做过几个月志愿者。

除了EC之外，我还和A市的其他几家环保组织联系密切，除了作为志愿者参加活动并提供志愿服务，我还作为核心成员，定期参加他们的活动、会议和聚会。这几家环保组织一度共享空间、联合办公，我在这个办公室也度过了大量的时间。田野过程中，我在不同的时间节点上对环保组织的成员和志愿者们进行访谈，包括深度访谈、结构性访谈，以及非正式的闲谈。

CG 研究中心是一个 A 市城市管理委员会（下文简称"城管委"）下设的废弃物治理技术研究中心，其中的工程师的专业背景大多是环境科学。他们主要的科研任务有二：对 A 市产生的垃圾进行分析，包括量的追踪测量、成分的分析等，以及垃圾处理技术的研发。通过研究，为垃圾治理的政策制定和路线选择提供依据。作为实习生，我的主要任务是帮助中心整理一部分历史文献材料。有时候，有访客来参观中心的实验厂，我也会陪同。在这个中心，我对 3 位主要的工程师和 2 位一线工人进行过共计 10 次的正式访谈，每次 2~3 个小时，通过这些访谈，我了解到了大量和垃圾处理技术、设施相关的知识。

随着田野的深入，和身份一起确定下来的，是"追溯一种物"的多点民族志的工作方式。即我的田野地理范围为 A 市，田野工作并不局限于某一个社区，或针对某个特定的群体。我追踪和废弃物治理、环境治理有关的人物、组织、群体、行动、事件、空间、设施、技术和知识。如上文所述，这种追踪最初在很大程度上是和环保组织一起工作，是被 EC 带着跑的。随着田野的深入，我意识到，要捕捉一个城市的环境治理问题，多点民族志确实是最恰当的方式，这种追踪开始变得更为自主。通过多点的工作，我累积着、编织着、反复描画着关于 A 市废弃物治理的民族志。在田野工作中，除了上述机构，我还广泛调查了其他个人和机构，以获取有关 A 市的环境治理、环保组织，以及废弃物的相关资料。

A 市市政府作为城市垃圾的治理者，扮演着重要的角色。城管委是负责垃圾管理的主要部门。通过 EC 的牵线，我对市级城管委主管垃圾事务的负责人进行访谈。此外，还和不同层级、地区的基层工作人员进行过座谈。大多数情况下，还通过参与会议的方式收集资料，包括座谈会、研讨会、动员大会等各种名目和形式的会议。通过这种方式，收集政府官员对于垃圾处理技术的认知和主张，以及关于 A 市垃圾治理的宏观政治经济信息，包括观察、访谈、会议记录以及政府印发的文本资料。

我还对 A 市的几个垃圾场和垃圾处理设施进行实地观察，包括垃圾填埋场、垃圾焚烧厂和垃圾堆肥厂。我进入垃圾焚烧发电厂的内部。对于这座处于争议中心的设施，观察其外观、内部的结构、设备、设计和运作，包括工人的工作。此外，整个城市都在观察的视野内。我在 A 市辗转租住过 3 处住所，作为居民，自然地成了垃圾分类运动最直接的体验者。此外，所到之处，我都会观察社区的垃圾桶、运输车等设施，还观察遍布社区公共空间、城市街头巷尾、公共交通上的有关环保、垃圾分类的宣传标语、海报。

为了理解普通市民对于垃圾、垃圾焚烧技术、垃圾分类运动的认知，我走访过一些居民社区。除了对我所居住的社区进行持续的观察外，我还重点调查了另外两个社区和一栋写字楼。在这里，我对普通居民访谈，也和物业公司、清洁工人、基层干部座谈。对于清洁工人，我参与观察他们的工作，并对 6 位工人进行了访谈（这个清洁工人队伍有 7~8 人，有 1~2 人是半职的，其余 6 人是这个队伍的主要成员）。

另外，我和 EC 合作，进行过一个全市范围内 450 户居民的定量调查，对于已经开展垃圾分类的社区，以问卷的方式了解普通居民对垃圾焚烧技术和垃圾分类的态度。对于这 450 户居民，我们采取分层抽样结合空间抽样的方法。

为了对垃圾处理技术有更加全面的理解，我还进行了一系列观察和访谈活动：走访垃圾焚烧厂选址的村子，走访2家垃圾处理技术研究机构，对3家致力于研发垃圾处理设施的企业主进行访谈。我所做的资料收集工作详见表1-2。

表1-2 田野工作调查对象与调查方法综述

机构/设施	环保组织EC、中国零废弃联盟、A市其他4家环保组织	研究机构：CG技术中心、省昆虫研究所	政府：城管委、城管科、街道办、环监所	社区：居民社区、写字楼	垃圾处理公共设施：L焚烧厂、X填埋场、T堆肥厂	垃圾处理小型设施	其他机构
报告人或观察对象	反焚行动者	垃圾处理技术专家、工人	政府职员	基层干部居民、物业公司、清洁工、选址村村民	工作人员	垃圾桶、运输车、中转站、宣传材料、堆肥点、自动回收设施	市科普中心、小型堆肥机企业、厨余处理机企业
研究方法	参与观察访谈	参与观察访谈	访谈座谈会、观察	观察访谈座谈会、问卷调查	观察	观察	观察、访谈

如上述，本书既不囿于边界封闭的社区，也不聚焦于某个特定群体。作为一部多点民族志，本书尝试性地以一个城市为例，对于当代中国垃圾治理图景做出总体性呈现。因为研究主旨和研

究问题，追踪一种物的多点民族志就成了最合适的研究方法。而和研究问题匹配的研究方法，又决定了本书的呈现方式和叙事风格。本书作为民族志，却没有太多形象显明、具体生动的人物和故事呈现。在论述中报告人面目不清晰的原因有二。第一，本书研究的是作为一种社会事实的垃圾及其处理技术、垃圾引发的国家治理和社会运动。本书的研究和分析对象并非某个人群。很显然，本书所呈现的信息、知识、话语，来自报告人。不过，在本书中，作为报告人，他们更多地提供相关信息和知识，而非研究对象。第二，部分出于匿名性的考量，我选择不去刻画报告人的完整形象，并且通过这些角色道出信息。因此，在没有必要的、明确的人物也不影响分析的情况下，我选择模糊具体人物的信息，而没有让他们直接登场。

本书的民族志书写是一次尝试。可以说，经过一年的田野工作，我最终获取的，是一种关于垃圾治理的综合的、整体性的知识。这种多元化的知识杂糅了科学技术、城市管理与环境工程对于垃圾问题的叙事，也包括当地政府的认知、各方专家的观点、当地居民的常识、全球环保主义的观念和话语，以及各种口耳相传的当地消息、媒体上持续发生的故事、互联网上讨论的信息，还包括我在当地的观察、体验、感受。最终书写的民族志是对于各种信息的汇编。其挑战在于，对于不同来源的材料、不同层次和性质的知识的总体呈现。我计划不写一个"只是关于人"的故事，而试图描摹一个城市的治理，在追踪一个环保过程的同时，尝试把物质、技术、设施、知识、话语纳入。这部民族志的书写并无异彩，还略显枯燥，有些片段看上去甚至像是"科普"，但是基本上完成了它被预期的使命。

最后，我尝试对自己在田野中的身份和立场做出反思。事实上，与环保组织一起工作，并不意味着我和他们抱持完全相同的立场和观点。就个人而言，我自己并不算一个"环保主义者"。虽然不是环保主义者，但是我并不认同大量生产、大量丢弃、不计生态环境代价、不顾其他物种的资本主义式的生产和消费模式。出生于20世纪80年代的中国，我的家庭教给我一种对待物质的态度："节约光荣，浪费可耻"；把"废物"作为材料收藏，以备改造、再用、维修，手工制作、DIY 的生活习惯；以及一种"艰苦奋斗"的追求。这使得我对待物质有一种珍惜情怀，伴随着对待浪费的负罪感。把看起来精美、完好的物品，即使是包装物或者一次性用品作为垃圾丢弃，我常常觉得非常困难。把这些东西留下来作为日后改制、修补其他东西的原料，已经成为我的一种惯习。这些都使得我和环保者们更为亲和——因为他们倡导对物质的珍惜和爱护，主张减少垃圾的生产，减少浪费，把垃圾资源化，而不是简单地付之一炬。环保者们对于垃圾的看法、自然环境的知识和价值观念，即使是在田野结束、书稿写作结束、研究段落告终的今天，依然对我有所影响。其相关伦理主张，也是我不断反思和回溯的一个起点。

1.3　章节安排

本研究以 A 市为例，分别从垃圾问题的社会根源、针对垃圾污染的社会行动、围绕处理技术的科技争议、垃圾分类作为新治理举措等方面，呈现当代中国废弃物作为社会/环境问题及其治理的一个切面。本书共分为六章。第二章"消费社会与垃圾污染"是全书的背景，在这一章中，我将介绍垃圾污染及治理现状；然后解释，为什么垃圾会成为一个紧迫的社会问题，即垃圾作为环境问题的社会根源；随后说明，垃圾焚烧为何成为我国未来垃圾处理的主流。第三章呈现焚烧作为垃圾处理技术存在的科技争议。在围绕垃圾焚烧的技术争议当中，全球性技术的普遍适用性是争议的焦点。第四章呈现针对垃圾污染的环保行动走向组织化和制度化的过程，以及这个转变的内外部动力和变迁的机制。我注意到，行动变迁轨迹的过程与国家的环境治理转型过程相互交织。变迁循着两条并行的路径展开：形式上的组织化，以及"环保"话语和表述的生成。环保者通过知识的生产持续影响既定的治理方案。第五章呈现了 A 市的一场由政府和环保组织共同推动的垃圾分类运动，试图分析政府和环保组织是如何向民众推动垃圾分类的。本章呈现 A 市政府采取任务指标层层下压的工作方法，辅以环保宣传教育的动员方式。环保组织也采取宣传教育的方法，他们面对面、手把手地教导民众垃圾分类。我认识到，垃圾分类推行的困难在于，它是一系列基于新伦理的知识和实践。这套知识和实践与现实运行的、占主导地位的物质系统不完全匹配，又与普通民众的知识存在断裂。作为结论，在最后一章当中我从对于垃圾的 ANT 分析出发，试图重新理解"垃圾是什么"，并反思了围绕垃圾的环保行动的重要意义和局限性，再思考垃圾污染作为环境/社会问题的解决之道。

2

消费社会与垃圾污染

2.1 导言

本章呈现了"垃圾之战"的背景，试图说明垃圾为当代中国带来了什么样的社会问题；垃圾为什么会生成环境污染；垃圾焚烧技术为什么会被大规模开发，成为未来垃圾处理的主要技术。下文指出，消费社会的兴起给中国带来了一个未预料到的后果——垃圾的爆炸性增长。而高速的城市化和滞后的环境治理导致了垃圾无法被充分处理，产生"垃圾围城"和污染的问题。

2.2 消费文化与垃圾激增

从工业化开始，中国就逐渐进入一种高物质流的生产模式。物质原料开始被大规模地掘取、运输，流入工业生产。经济改革带来市场化，大量物质开始流入消费领域。一方面，伴随着生产过剩，福特主义式的大量生产、大量消费模式兴起，"消费社会"（Baudrillard，1998）兴起，逐渐取代以满足需求为生产目标的配给制。日常消费品大量增长，包括大量成本低廉、"即用即弃"的消费品及其包装物，伴随着"方便""清洁"观念的普及被广泛使用。另一方面，在以利润为导向的生产模式当中，为了降低成本、提高产量，各种合成材料包括合成橡胶、合成纤维、合成树脂开始被大量制造。以塑料为例，1983年，全国塑料产量达到100万吨以上；20世纪90年代塑料产量的年平均增长率达到15.34%，是世界平均水平的3倍；2000年塑料产量的年增长率更高达28.31%（杨，2001）。当年中国塑料制品产量接近2000万吨，为全世界第二大塑料生产者（廖，2002）。近30年来塑料制品的主要消费领域为包装物（占比维持在20%以上）和家庭日用品（杨，2001）。这些都构成了城市固体废弃物大量产生的物质基础。

一方面，新兴的消费社会培育了一种消费主义文化：民众曾经秉持"艰苦奋斗""吃苦"作风，在国家的道德教育下以"艰苦朴素"为美德，今天却日益习得消费文化，学会在不同的品牌、风格、世代的商品当中选择，也学习"喜新厌旧"、学习丢弃，形成即用即弃的习惯。日常消费品种类繁多，不断推陈出新，这些商品还带来包装物——从超市货架上廉价的生活用品到奢华的礼品，包装都变成必不可少的。电子产品的出现和快速升级，如智能手机和笔记本计算机，持续驱使着人们更新换代。从衣食住行的日用消费品，到住房、装潢，消费者学习追逐潮流和时尚（Davis，2000）。在诸多选择和快速变换的时尚、潮流中，"丢弃"不一定是因为商品的使用价值消耗殆尽，而是因为"多了""旧了""过时了""不想要了"，也可能是为了炫耀。

另一方面，新兴的消费社会为中国古已有之的礼物文化创造了新的条件，提供了更为充足的物质载体以及表达和实践的空间。中国的礼物与"关系"文化古已有之，为诸多学者所注意（Yan，1996；Yang，1994；Kipnis，1997），不过，在新兴消费社会的背景下，人情、面子、关系文化与消费文化相互交织。不仅作为礼物的商品变得品目繁多，其包装物也得到了前所未有的重视和发展。例如传统节日中秋节的常见礼品——月饼，不仅样式、口味和风格层出不穷，和以往最大的不同在于，月饼的包装从简单的一层纸，发展到普通的四五层甚至更多的繁复包装，包括包装纸、塑料盒，塑料包装膜、包装袋，纸质及金属的盒子，乃至带有铝箔的保鲜袋。餐饮是另外一个例子，今天请客吃饭成了常见的社交活动，在餐桌上，人们不但学会"饕餮"（Farquhar，2002），还深谙"浪费"之道，以"浪费"表达丰盛、财富或者是人情、面子。一个更新近的消费现象是网购的兴起，互联网的普及和物流快递系统的日渐发达，包括网络购买商品和食品的普及，也制造了大量快递、外卖包装物。尤其是外卖，一份外卖产生数个塑料包装盒、包装袋以及一次性餐具，这是前所未有的垃圾制造现象。

在欢庆前所未有的丰盛商品和市场的自由时，无论是政府还是民众，都没有预料到一个随之而来的问题——垃圾的大量产生。比重越来越大的即用即弃产品，越来越复杂的包装物，密集的改头换面、推陈出新的商品，快速升级的电子产品，过度丰盛的宴席等制造的巨大浪费，都导致了城市固体废弃物（即生活垃圾）的大量增长。

30

根据世界银行的报告（2005），在 2004 年，中国年产固体废弃物 1.9 亿吨，成为全世界固体废弃物制造量最多的国家之一。2012 年，全国生活垃圾的生产总量为 2.39 亿吨，其中城市 1.71 亿吨 [《中国城市建设统计年鉴（2012 年）》]。到了 2016 年，仅全国 214 个大、中城市生活垃圾产生量就达到了 1.9 亿吨左右（环保部，《2017 全国大、中城市固体废物污染环境防治年报》）。2010 年后，全国每年的垃圾处理量都在 2 亿吨左右，2015 年达到约 2.5 亿吨，年垃圾处理费用达到 159.8 亿元 [环保部，《中国环境统计年报（2011～2015）》]。有学者估算，直至 2017 年，全国垃圾的年总产量达到了 4 亿吨以上（《经济参考报》，2017）。

除了本国居民生产的垃圾，中国还曾经是垃圾进口国。从 20 世纪 90 年代开始，历年都有发达地区如欧美和日本的"洋垃圾"流入中国，这些固体废弃物主要包括服装、塑料制品，以及废旧电子产品。"洋垃圾"进入中国的一个原因是在垃圾出口国环境成本高，相应的处理费用也高，出口到中国或其他发展中国家可以规避这个成本。进口"洋垃圾"可以获取几种收益：一是发达国家所付的垃圾处理费；二是将"洋垃圾"直接转卖给国人所得到的收益；三是电子产品，诸如打印机、显示器、电路板，拆卸后可以极低成本回收贵重金属和原材料。据媒体报道，在 2007 年，全世界有七成的电子垃圾进入中国，美国每年有 50%～80% 的电子垃圾出口到亚洲，主要目的地是中国（仇，2007）。处理进口电子垃圾最著名的地方是汕头贵屿，整个镇子以拆解进口电子垃圾为产业。贵屿拥有全球最大的电子垃圾处理厂，有 15 万人从事这个行业（中山大学人类学系，2003），有 3000 多家手工作坊，每年拆解量达到150多万吨（仇，2007）。实际上，贵屿之外，还有更多规模更小、分布更广的"洋垃圾"集散地，这些集散地还有不断向更为贫困、环境成本更低的国家和地区转移的趋势。目前，由于"洋垃圾"臭名昭著，我国已禁止"洋垃圾"进口，各地的垃圾开始被纳入当地的环境治理，进行产业升级和"正规化"改革（Schulz，2015；Lora-Wainwright，2016）。

事实上，生活垃圾并非中国海量垃圾的唯一源头，还存在大量的工业垃圾和医疗废弃物。不过，在中国，工业垃圾和生活垃圾属于两个彼此独立的系统，由不同的部门负责管理和处理，处理技术和设施也是分开的。国际经验表明，较之工业垃圾，生活垃圾因为分散等原因更加难以管理（Rootes，2009a）。本书讨论的是生活垃圾的问题。

2.3　垃圾治理的困境

尽管从市场化开始，尤其是20世纪90年代后，生活垃圾被大量制造，但是中国借鉴其他国家的经验，发展出来的一套现代化的垃圾管理系统与"无害化处理"技术，要远远晚于垃圾的大量产生。这与垃圾本身的特性不无关系。首先，垃圾作为"废物"，在生产和消费链条的末端被排除或弃置，而其环境影响总是随着其积累才逐渐显现，因此难获注意。其次，随着消费现象的变动，垃圾成分、性质和数量发生变化，这总是先于终端治理措施的设计和实现。以近年来兴起的网络购物垃圾和外卖垃圾为例，直到大量产生才开始引人注意，人们才开始讨论建设针对外卖中塑料容器的处理设施。换句话说，垃圾治理如果不是前瞻性的，就必然是滞后的。

针对改革开放后大量生活垃圾的产生，本书将我国垃圾治理的历史粗略地划分为三个相互交织的阶段。首先，是从无处理到部分处理阶段，只有部分垃圾，以及垃圾当中的部分成分，得到简单填埋。从 20 世纪 80 年代垃圾逐渐大规模产生，到 2000 年前后，都只有少于一半的城市垃圾得到处理，因此可归结为部分处理阶段。其次，中国借鉴其他国家经验，发展出一套现代化的垃圾管理（waste management）系统与"无害化处理"技术，而此技术覆盖大约一半以上的城市垃圾（具体数据及来源详见下文），这一阶段可被称为无害化建设阶段。这个阶段大体从 2000 年开始。最后，是 2010 年开始至今仍在发生的，伴随着"生态文明""生态循环"理念的兴起，新一轮的垃圾处理设施兴建、改造和技术引进、升级，这一阶段可称为循环处理产业建设阶段。值得说明的是，垃圾治理的三个阶段相互交织渗透，并无泾渭分明的界限。本书接下来的部分，将会检视垃圾治理历史上的三个困境。三个困境对应着三个阶段，又并不完全重合。从"部分处理"到"无害化建设"阶段，垃圾处理的问题在于其滞后性，而从"无害化建设"到"循环处理产业建设"阶段，对应的两个困境是大举兴建的垃圾焚烧设施遭到普遍挑战，以及垃圾分类难以推动。

在检视垃圾治理前，首先需要解释何为"无害化处理"。生活垃圾无害化处理是一个环境科学术语，是指通过技术控制减少垃圾污染的垃圾终端处理技术，目前主要的处理方式包括卫生填埋、垃圾焚烧和堆肥（王，2000；朱等，2002）。实际上，无害化处理并不专指某一种或几种技术，而是指区别于传统的垃圾处理，采用现代设施和技术以控制污染的处理方法。例如，同为填埋，直接掩埋就不是无害化处理，而科学填埋或卫生填埋就是无害化处理——这种填埋包括一系列处理程序，如压缩、沥干、包膜、放气等，以确保对垃圾污染的控制。同理，无害化的垃圾焚烧技术，包括了一系列对燃烧过程的控制工序以及对排放的烟气、渣滓的处理技术，而如果仅仅是露天简单焚烧垃圾，那么就不是无害化处理。事实上，无害化处理作为本身不断更新和改进的技术，并不等同于完全无害。它只能在一定程度上控制污染，处理设施本身排放的物质还可能造成二次污染，例如一个无害化垃圾焚烧厂仍旧可能向大气排放有毒化学物质。此外，这些技术是有环境风险的，比如泄漏或者爆炸的危险。总之，可以这样理解，无害化处理，是对垃圾集中、现代化、工业化、科技化的处理方式。它和排污系统一样，作为基础设施，属于现代城市卫生系统，是现代城市管理技术的一部分。因为工业化、城市化，人类大规模地集中居住和集中产生垃圾，这种技术应运而生。它也基于一种对垃圾的"现代化"的理解——将垃圾视为城市生活不想要的副产品或"排泄物"，可以用科技手段大规模集中消除。

通过历史资料，可以看出历年来垃圾产量增长的情况以及当时的处理能力。根据中国环保部门所出的中国环境检测报告（1998），1997 年，城市垃圾粪便总清运量为 1.4 亿吨。1997 年前后，官方提供的垃圾清运量和处理量表述方式不同，见表 2-1、表 2-2。

表 2 - 1 1990～1997 年城市垃圾清运量与无害化处理量

单位：万吨

处理方式	1990年	1991年	1992年	1993年	1994年	1995年	1996年	1997年
清运量	8851	9820	11264	11959	12337	13077	13755	13827
无害化处理量	212	1238	2828	3845	4782	6014	6748	7661

资料来源：生态环境部生态环境监测司《1997 年中国环境状况公报》，http：∥jcs. mep. gov. cn/hjzl/zkgb/1997/200211/t20021125_ 83854. htm。

表 2 - 2 1998～2015 年中国官方环境状况公报中

关于城市固体废弃物处理的数据

年份	处理数据
1998	垃圾粪便年清运量达 14223 万吨
1999	无
2000	无
2001	全年清运生活垃圾、粪便 16457 万吨
2002	全国生活垃圾清运量为 13638 万吨，比上年增加 1.2%；其中生活垃圾无害化处理量为 7404 万吨；全年清运生活垃圾、粪便 16798 万吨
2003	全国生活垃圾清运量为 14857 万吨，比上年增加 8.8%；其中生活垃圾无害化处理量为 7550 万吨；全年清运生活垃圾、粪便 18332 万吨
2004	全年清运生活垃圾、粪便 3.4 亿吨
2005	全年清运生活垃圾、粪便 1.95 亿吨
2006～2010	生活垃圾、粪便清运不再单列于国家环境公报
2011	全年共处理生活垃圾 63.6 亿吨*
2012	全年共处理生活垃圾 1.96 亿吨，其中采用填埋方式处置 1.75 亿吨，采用堆肥方式处置 0.03 亿吨，采用焚烧方式处置 0.18 亿吨
2013	全年共处理生活垃圾 2.06 亿吨，其中采用填埋方式处置 1.79 亿吨，采用堆肥方式处置 0.04 亿吨，采用焚烧方式处置 0.23 亿吨

年份	处理数据
2014	全年共处理生活垃圾 2.41 亿吨，其中采用填埋方式处置 1.82 亿吨，采用堆肥方式处置 0.03 亿吨，采用焚烧方式处置 0.56 亿吨
2015	全年共处理生活垃圾 2.48 亿吨，其中采用填埋方式处置 1.78 亿吨，采用堆肥方式处置 0.04 亿吨，采用焚烧方式处置 0.66 亿吨

＊根据日处理量的估算，以及前后年度的数据比对，这个年度处理量疑似有误。不过生态环境部发布的《中国环境统计年报 2011》原文如此。

资料来源：生态环境部生态环境监测司历年中国环境状况公报专区，http://jcs. mep. gov. cn/hjzl/zkgb/。

从官方公布的统计数据可以看出中国的垃圾产量随着时间飞速增长。这些资料还反映了国家对于垃圾问题的认识，以及垃圾治理水平的变迁。第一，在官方提供的数据中，不像工业垃圾在历年都有单独列项，生活垃圾直至 2001 年都没有单独列项，只有和粪便合并的统计，数据粗略、不完整，这说明当时对生活垃圾并不重视，还没有明确的独立的垃圾管理意识和完善的垃圾管理系统。而且数据形式、列项逐年变动、前后不一，这也反映了垃圾治理水平的变迁。除了表 2－2 所展示的数据，在官方的统计资料当中，2002～2010 年，环境基础设施运行费用的统计项目包括燃气、集中供热、排水、园林绿化和市容环境卫生投资，无固体废弃物，也无垃圾处理设施相关费用。2011 年开始，官方才将生活固体废弃物的处理设施，包括填埋场和焚烧厂的投资和运营费用纳入统计。第二，数据显示，历年的无害化处理量都远远小于清运量，也就是说，即使进入政府的清运系统，仍然有大量垃圾得不到无害化处理。

　　事实上，可以确定的是，这些统计数据无法反映当时中国垃圾生产的实际情况，这是因为：第一，这些数据仅仅是城市垃圾的清运量，也就是政府收运的垃圾量，而未收运的部分则不得而知，不过可以肯定的是，总量大于清运量。第二，这份资料还仅仅是城市垃圾处理量，没有农村的垃圾数量。这是因为，由于城乡二元结构，农村地区产生的垃圾近年来才开始被纳入国家的处理系统。

　　总之，环保公报当中前后表述和格式不一的资料透露出来一个信息，那就是垃圾管理和处理能力，以及对垃圾问题的认识不断变动、逐渐成形，而垃圾污染早已迫近。例如，1997 年，中国政府第一次提及 "垃圾围城" 和 "白色污染"（指合成塑料包装物带来的污染）问题。2001 年，政府才开始调查和监测全国范围内的几百家垃圾处理厂（中华人民共和国环保部，2013a）；对于持久性有机污染物[①]（POPs，persistent organic pollutants）的关注和控制，从 2001 年参加国际 POPs《斯德哥尔摩公约》才开始（中华人民共和国环保部，2013b），滞后于污染物本身的生产。直到 2002 年，全国都只有大约少于一半的垃圾得到了 "无害化处理"（Chen et al.，2010）。根据《中国城市建设统计年鉴 2012 年》和《中国城乡建

---

①　持久性有机污染物泛指具有以下特征的化学物质：①在自然环境中难以分解；②在生物体内具有较长的半衰期，会经由食物链在生物体内积累，特别是具有亲脂性，可以在动物脂肪当中长期积累；③具有随着生物或自然气候长距离移动的特性，甚至在极地居住的生物体内也能发现；④对于人类的健康有毒害，包括致癌性、生殖毒性、神经毒性、内分泌干扰等。通常的来源包括：杀虫剂、工业化学品，以及生产过程的副产品——包括不完全的热解即焚烧，如对垃圾等废弃物的焚烧。中国在 2001 年签署了《斯德歌尔摩公约》，这是一个规定 POPs 减排义务人类共同行动的国际公约（参考资料 Jones & Voogt，1999；黄等，2001；彭等，2002；李和李，2004；谢等，2004）。

设统计年鉴 2012 年》，直到 2012 年，中国城市的垃圾无害化处理率达到 84.83%，而县城（也就是说不包括农村其他地区）的无害化处理率仅为 53.97%。在管理方面，2002 年，中国出台第一部有关城市生活垃圾的规定，直到 2007 年，针对生活垃圾管理的全面法律才陆续出台（Chen et al.，2010）。直至 2014 年，环保部门才开始以年报形式发布固体废弃物的产生与治理情况（《大中城市固体废物污染环境防治年报》）。这意味着固体废弃物开始成为政府重视的环境治理对象，治理体系初步建立。

2.4 "垃圾围城" 与垃圾污染

如上所述，庞大数量的居民生活垃圾，加上源源不断进口的"洋垃圾"对处理能力提出挑战，而处理能力远远小于垃圾的产量。那么，如此巨量的垃圾去哪儿了？如 Bennett（2010）所言，所丢弃的垃圾，并不会如同我们想象的那样消失，而是会以意想不到的方式影响着我们。无论是在城市还是在农村，垃圾带来的问题都令人始料未及。

摄影师王久良把"垃圾围城"这个概念带到公众的视野。按照字面意思，"垃圾围城"就是垃圾包围了城市。王用电子地图将北京的垃圾填埋场标注出来，发现整个北京城已经被垃圾场环绕包围，400 多座垃圾场构成了北京的"七环"。这些垃圾场包括正规的填埋场，更多的是大量的非正式掩埋场。

"垃圾围城"这个比喻在很大程度上回答了"垃圾去哪儿了"的问题：垃圾被源源不断地运往城市的外围。正式或非正式的垃圾填埋场包围了城市。填埋场容量日趋极限，垃圾处理设施越来越无处可去。"垃圾围城"困局的原因有两个方面。一方面，对于快速城市化和房地产市场蓬勃发展的中国大城市而言，越来越无地可用。垃圾处理设施会占据较大面积的土地。要想找到合适的土地用于垃圾填埋，政府至少面临这样一些困境：离城市较近的土地寸土寸金，随着民众权利意识的提升，令人厌恶的垃圾处理设施面临周边居民的反对；离城市太远的地方则要考虑运输成本、中转站建设成本，还有垃圾在过长的运输路线上变质的可能。另一方面，一个重要的现象是，由于城市化速度快，城市规划往往没能预见未来的发展情况，一些本来在规划中离城市较远的处理设施，很快就被迅速扩张的城市逼近了，不得不重新规划和搬迁。新开发的商品房住宅社区逐渐接近垃圾设施，社区业主们为了自己的生活环境，以及房产的保值、增值，就会反对社区附近的垃圾设施。所以，"垃圾围城"问题并非因为垃圾的绝对量过多，没有土地可作为填埋场，而是垃圾大量增长与高速城市化和新兴的房地产市场交互作用的结果。可以说，垃圾作为城市生活肮脏无用的"排泄物"，总是被试图排除到城市的"外面"。然而，由于城市的快速扩张，没有哪一片土地可以确保是永远的、绝对的"外面"。这就是"垃圾围城"困局的本质。

作为城乡二元结构当中的另一极，农村，也没能逃离垃圾的入侵。城乡二元结构之下，垃圾处理的公共卫生服务更晚覆盖到农村。环保部门相关责任人潘岳曾经在 2004 年承认，每年 1.2 亿吨的农村生活垃圾几乎全部露天堆放（阎，2004）。改革开放以来，尽管农村同样被卷进消费社会，垃圾的内容和数量都已经发生巨变，但垃圾一直以最古老和"原始"的方法被处理，最常见的就是未经处理直接丢弃到山间、荒野、河里、路边，或简单堆放集中于某一个固定的地点，又或者就地露天焚烧。赖立里（2011）将其观察到的农村垃圾现象描绘为"怪异的现代化"：在家里，农村居民的生活已经实现了现代化，和城市居民一样消费着工业带来的商品，但是在室外，大量垃圾处理却还处于"前现代"阶段，直接丢弃到自然中。房前屋后、田间地头、山上河里，都成了丢弃垃圾的场所。在农村，稍加注意，就会发现，道路边、河流里遍布垃圾的景象十分常见。环境公报并未将农村污染治理设施运行费用纳入统计，直到 2012 年才开始收录县城的部分数据。环保部门发布的专门针对生活垃圾治理的《大中城市固体废物污染环境防治年报》，只涉及大中城市。到今天，生态文明建设、美丽乡村建设、精准扶贫带来一系列环境整治措施，全国已经逐步建立"村收集—镇转运—县处理"的乡村垃圾处理系统，在一些地区，已经开始提倡家户垃圾分类。

垃圾联系着城乡，城市的垃圾被直接或间接地排放到农村，而农村未被处理的垃圾又会重新污染城市。事实上，垃圾当中的污染物进入生态系统，带来的污染不分城乡。首先，焚烧垃圾会制造大量的烟气和可吸入颗粒，如 $PM_{2.5}$，这使得中国的空气质量问题雪上加霜。在垃圾焚烧中，尤其引人注意的是，塑料等人工化合物的不充分燃烧，可能产生持久性有机污染物，其中最著名的是剧毒致癌物质二噁英。由于持久性有机污染物具有迁移性和累积性的特点，即便是在农村露天焚烧产生的污染物，也可能通过食物链聚积进入城市居民的餐桌乃至体内。此外，垃圾中的有害物质，如重金属和有毒化学物，会在垃圾中分解、析出，随着渗滤液进入土壤、地下水乃至整个生态系统，进而污染农产品，令中国的食品安全问题雪上加霜。在农村，农田和河流里遍布垃圾的景象并不罕见。我在田野当中了解到这样的案例：江西 D 村，村民处理垃圾的方法是直接把垃圾倒入河中，期待雨水将垃圾冲走。而这条河正是供给整个珠三角的水源东江。A 市 J 村，村民把垃圾当作肥料放入菜地，田间地头可见电池、塑料。根据 A 市农业局土肥部的检测，这片田地重金属超标。而这片菜地产出的蔬菜，供给 A 市蔬菜批发市场，菜品广销 A 市各地。因此，垃圾处理是系统性问题，其最终产生的污染不分城乡。把城市的垃圾排放到乡村，并非根本的解决之道。

还有一部分城市垃圾来到了城市外围的城乡接合部和临近城市的近郊农村，在这里构成了一个庞大而发达的废品回收再造产业链。这是一个庞大的"非正式经济"（Hart，1973；Huang，2009）体系，吸纳着来自农村的非正式就业劳动力。产业链底层是拾荒和废品回收大军，这个群体通常由流动于城市的农民组成。废品有的直接从垃圾里面捡拾，有的从居民手中收购，分类、简单处理、积累到一定量，然后售卖给规模更大的回收站。而回收站会再累积、转卖给更大规模的回收中心。在这个过程中，回收者通过劳动使得零价值的垃圾重新具有价值。经过层层收购，垃圾最终变成原材料，进入回收再造厂。

事实上，从民国开始，中国就存在废品回收体系，这个系统在社会主义时代开始归为国有，发达且全面（Goldstein，2011）。社会主义时期的回收系统与国家倡导人民节约、勤俭的伦理相互呼应。改革开放以后，这个废品回收体系被上述的非正式回收系统取代。这个系统做出了不可忽视的环境贡献，通过回收使得更多的物质可以重新进入生产和消费系统。不过，非正式的废品回收经济也存在局限性。首先，其以追逐利润为目的，只回收当下市场价格较高的材料，而其他利润相对较低的物质（这种物质的回收可能非常具有环境价值）则被排除在回收系统之外。其次，由于回收再造过程缺乏污染控制，存在二次污染的问题，如此大规模的处理和再造在较为低端、分散的作坊和小厂完成，塑料被溶解、电子产品被拆卸，有毒物质在未能有效控制的情况下排入自然界。对于这个系统，多个地方政府不乏收编的努力，即试图将这些非正式的、私人的、分散的回收大军纳入正式化的管理。

总之，这就是持续困扰城乡的垃圾污染危机：消费社会无意中产生了大量的城市固体废弃物，一方面是每天源源不断持续产生的、产量不断攀升的海量垃圾，另一方面是垃圾治理的相对滞后和无害化处理能力的不足。在高速城市化和房地产市场兴起的背景下，垃圾产生了"垃圾围城"和城乡污染问题。

2.5　垃圾焚烧方案

2.5.1　垃圾焚烧方案的制定

面对巨大的垃圾处理需求，从中央到地方，都开始将目光投向垃圾焚烧技术。2011 年，国务院批转《关于进一步加强城市生活垃圾处理工作的意见》，提出"土地资源紧缺、人口密度高的城市，要优先采用焚烧处理技术"（中华人民共和国国务院，2011）。各地政府也开始纷纷加快兴建大型垃圾焚烧设施。2013 年 9 月，中国在建和建成的垃圾焚烧厂有 159 座左右，垃圾焚烧项目成为"国家重点鼓励发展"的项目，投资达到 765 亿元（中国固废网 E20 研究院，2014）。到 2015 年，垃圾焚烧发电厂增至 205 座，年处理能力从 2600 万吨增长到 6170 万吨。从表 2 - 2 可见，实际处理的垃圾量逐年递增。根据"十三五"规划，到 2020 年底，城市生活垃圾焚烧处理能力达到处理总量的 50% 以上，东部地区达到 60% 以上（中国环保产业协会，2018）。除了西部人口稀疏的地区，其他人口集中的地区都将建设大量垃圾焚烧发电厂。

垃圾焚烧厂为何成了地方政府首选的垃圾处理技术？首先，较之填埋技术，它能够更有效率和快速地解决"垃圾围城"的危机；其次，这些项目以垃圾焚烧发电厂为主，可以通过发电上网产生高额收益。

焚烧垃圾收益的主要来源是垃圾处理费以及电价补贴。从 2002 年开始，国家对城市居民的垃圾处理收费第一次有了正式规定——《关于实行城市生活垃圾处理收费制度，促进垃圾处理产业化的通知》（中华人民共和国发展计划委员会等，2002）。全国范围内，不同城市的收费标准不同，为 1.5 ~ 10 元每月（同上）。除了垃圾处理费，发电厂的另外一个收益来源就是发电获得的政府补贴，发电上网价为每千瓦时 0.65 元（同上），此外作为新能源产业还有税收的优惠。相对于其他能源产业，垃圾焚烧发电利润极高，以北京市朝阳区高安屯垃圾焚烧厂为例，其处理垃圾量为 1600 吨/日，全年处理 53 万吨，年发电 2 亿度，上网电量 1.6 亿度，售电收入为 1.04 亿元（中华人民共和国发展计划委员会等，2012）。

这些垃圾焚烧发电厂采取 BOT（Build-Operate-Transfer）的运营模式。简单来说，就是政府把某项基础设施的建设、管理、经营权承包给某一家企业，企业运营一定年限后合约结束，把项目交还给政府。通常合约都会签订 10～30 年。能够获得 BOT 特许经营权（exclusive authorized concession）的企业大多数是大型国企，如光大国际、绿色动力集团、中国节能环保集团公司、上海环境集团有限公司，还有联营企业如深圳能源集团股份公司，私企较少，如杭州锦江集团。其中一家外企是法国企业威立雅（VEOLIA），该公司曾在澳门经营垃圾焚烧项目，得以进入中国市场。垃圾焚烧企业以低碳减排、可持续发展、高效节能的话语建构其环保的合法性。有些企业甚至直接以环保相关词语命名，如上文提及的绿色动力集团、中国节能环保集团公司、上海环境集团等。然而，在反对垃圾焚烧者的眼中，垃圾焚烧是不环保的，详见下文。

以往研究注意到，不同层级的政府在环境治理当中扮演着不同的角色，也持有不同的态度。Tilt（2010）指出，"环境保护"对于各层级政府，也有不同的意义。中央政府强调"可持续发展"，制定理想的政策，但不涉及具体的执行。地方政府力图执行中央的政策，同时也会考虑地方的限制。到乡镇一级的政府，则更加强调发展，关注政绩和利益、地方的就业和收入问题，对环境的态度也会更加实用主义。在垃圾治理问题上，亦可以观察到中央与地方政府的差异。具体而言，这种差异体现在针对垃圾的治理身份、基于这种身份的考量，以及对于垃圾处理技术的不同理解。首先，中央政府考量的是国家的责任与形象（例如签署有关 POPs 排放的《斯德哥尔摩公约》），以及宏观层次上的环境治理问题。国家注重环保和可持续发展的价值，将垃圾视为需要消除之物，提出战略性的宏图，试图一举解决垃圾问题。地方政府作为垃圾管理的实际操作者，不仅负责消除垃圾，还负责建立与垃圾有关的处理系统和流程。垃圾对于地方政府而言，是具体的、需要管理的对象，并且牵涉管理和调配各种不同的相关群体，包括企业、市民、清洁工队伍等。因此，垃圾在地方政府眼里是更加麻烦和棘手的污染物。在地方政府内部，又有专门负责垃圾的部门，如城管部门、环卫部门和环保部门。事实上，垃圾从制造到管理再到消除，是一个综合的问题。城管部门需要管理垃圾，但这可能并非其他部门优先考量的治理目标，这又构成了地方政府内部的张力。中央和地方政府对于垃圾焚烧技术的理解也不尽相同。对于中央政府来说，垃圾焚烧是一种"从废物到能源"的技术，属于国家新能源发展战略的一部分，因此看到的更多是焚烧技术的积极意义。而对于地方政府来说，垃圾焚烧技术的意义则更加矛盾。垃圾焚烧技术虽能快速解决垃圾处理问题，但是焚烧发电厂具有风险，地方政府需要不断确保其安全可靠。

2.5.2 环保活动的兴起

"十二五"规划以来，焚烧被确定为未来垃圾处理的主要方法，与此同时，除了周边民众的维权抗争，针对垃圾污染、垃圾焚烧厂的环保组织也在全国范围内发展起来。截至 2014 年，全国有大约 56 家关注垃圾议题的民间环保组织，其中多数在 2006 年后成立，组织数量少（和其他环保议题相比），大多数组织规模小，尚处发展阶段，资金短缺严重，此外关注偏重城市，鲜有关注农村的组织（零废弃联盟、合一绿学院，2015）。其中发展较为成熟的组织包括老牌的环保组织"自然之友"创立的"垃圾小组"，以面向居民的环保宣传和教育为主；北京的环保组织"自然大学"，关注全国范围内的垃圾焚烧项目，不仅针对垃圾焚烧厂所制造的环境污染做出调查，还向多个地方政府申请信息公开，发起环境诉讼；安徽的芜湖环保中心，以资料和信息收集、调查为主，他们建立了一个有关全国300多座焚烧厂的数据库，并且针对其中正在运营的122座垃圾焚烧厂向当地的环保部门申请信息公开。A市的环保组织，一方面监督正在运营的垃圾焚烧设施，另一方面推动焚烧的替代方案。这些组织，加上一些关注垃圾焚烧的个人，组成了"中国零废弃联盟"，致力于推动垃圾减量，从而减少焚烧厂的数量。这些组织和行动者针对垃圾焚烧厂采取的主要行动包括：①通过调研收集焚烧厂的信息，研究国内外焚烧技术的相关问题；②通过申请信息公开等法律框架内的手段监督焚烧厂的运行，敦促环保部门的监管；③为垃圾焚烧厂的污染受害者提供支援和援助。

2.6　小结

垃圾污染就像一个复杂无解的困局。消费的欢庆带来了丰足的物质，也导致了大量生产、大量浪费、大量丢弃，然而垃圾不会如我们丢弃时所想象的那样，就此消失不见。它通过生态循环，甚至一阵风，就回到了我们的社会生活当中。垃圾，是现代化和城市化中最不被注意的副产品、"排泄物"。市场没有为垃圾提供解决之道，无法消弭它对环境的危害，政府也面临两难：一方面是爆炸式增长的海量垃圾,另一方面是对垃圾处理设施的邻避效应。垃圾造成的污染也是科学技术无法完全解决的难题,科学技术不仅无法确保它真的"无害"、消弭技术的风险,甚至也不能确保"无害化技术"本身的无害。本书将要讲述的,就是一系列发生在中国 A 市的,由垃圾引发的"战争"。

3

废弃物处理的科技争议

3.1 导言

2009 年，A 市市政府的一项垃圾焚烧厂建设计划引起了居民的注意。在了解到垃圾焚烧会产生剧毒的污染物二噁英后，居民们开始反对垃圾焚烧。2010 年，政府宣布焚烧厂停建。

首先，我会带读者走进垃圾焚烧厂，以参观者的眼光观看焚烧设施，让读者了解这个处于争议中心的大型设施究竟是什么样的。接下来聚焦"垃圾之战"的焦点——垃圾焚烧的技术争议。在检视垃圾焚烧技术的几个重要争议的基础上，我尝试回答垃圾焚烧究竟为何会招致反对，此项技术的反对者又是如何与其支持专家展开辩论并挑战科技话语权威的。

3.2 垃圾焚烧厂主题公园

2013 年 6 月的一天，天气晴朗，在市城管委的组织下，一百多位由街道推荐的热心市民参观了城市垃圾处理设施，了解生活垃圾的去向。我加入这次参观，想观察垃圾处理设施，同时了解市民们对于垃圾处理设施的看法。

A市的X垃圾填埋场是参观的一站。填埋场位于A市北部，距离市区38公里。据称，这是世界上每天接收垃圾处理量最多的垃圾填埋场之一，目前是A市最主要的垃圾处理设施，容纳着全市大部分的垃圾。随着垃圾的产生，原有的填埋区空间不断告竭，填埋场也在不断地扩建，2000年初规划4个区，现在已经扩大到6个区。到2014年底，新的填埋区域又开始兴建。

大巴车还没有到达，填埋场周边的气味已经令人感到不适，气氛也令人感到诡异。周边的村庄，像普通的村庄那样，有一栋栋的独立小楼房，近看却有些恐怖。这些房子门打开着，窗户已经破烂，里面空无一人。这座村庄已经空了，附近没有居民生活，只有临街有一些小店，贩卖杂货，经营汽车加油和机械维修。汽车驶过一段路，灰暗而萧条，人迹罕至，所有的景象都令人隐隐感到，这不是一个普通的地方。一进入填埋场区域，尽管坐在汽车上，刺激的气味还是扑面而来。气味酸臭，令人头晕作呕，却无处可逃。汽车在巨大的填埋场路上又行驶了很长一段时间，巨大的垃圾填埋坑才进入视野。很多市民不愿下车，试图躲在车里，领队反复催促大家"都下去看看"。

城管委组织这次参观的一个意图是让市民了解他们所产生的垃圾的去向，意识到"垃圾围城"这一严峻问题。在填埋场，这样的"震撼教育"确实起到了效果。亚热带的A市，酷暑难当。炎炎烈日下的填埋区没有任何荫蔽，垃圾上面遮盖的银灰色塑料覆膜，反射着光线和热浪。夹杂着恶臭的热浪铺天盖地袭来，令人流泪作呕。不见边际的垃圾海洋，上面作业的铲车小得像玩具。这里就像一片巨大的死地。地上没有植物，除了一些黑色的鸟在上空盘旋，也没有其他生命的踪迹。在这样的环境里，工作人员的境遇令人同情。市民们想知道每天这样接触垃圾，会不会有什么问题。一个工程师穿着全套严实的防护服，戴着安全帽，简单地回答说"已经习惯了"。他解释说长期在这里工作，慢慢地对气味就不敏感了。他指着填埋区的垃圾海洋，告诉大家："这就是 A 市的垃圾。"还有人想知道这个填埋区是否会污染 A 市的水源，工程师告诉大家，填埋场有防渗漏的技术，可以防止垃圾污染地下水。而真正严峻的问题是，现在填埋场已经超过了最初设计的使用年限，不得不一再扩容，目前使用的第 6 区容量也只能撑到 2014 年底。

出于对工程师的礼貌和尊重，参观者站在堆填区前耐心听完讲解。组织者宣告参观结束后，没有人流连，大家迅速返回车上，迫不及待地想要离开。汽车司机也不耐烦地按着喇叭。汽车里吸附沾染的气味，在驶离填埋场很远后，还未散去。

下一站是 L 垃圾焚烧发电厂（见图 3-1）。这目前是 A 市的第一座也是唯一一座垃圾焚烧厂，正式名称是"A 市第一资源热力电厂"。汽车缓缓驶近，市民感受到了和填埋场不一样的气氛。整个园区整洁、干净、井井有条，从大门外看进去，就像一个科学研究所。汽车驶入，进入视野的是几座现代风格的建筑。没有异味，也没有异样。眼前的景象，很难让人将其和垃圾联系起来。市民中不时有人赞叹"好靓啊"。

图 3 - 1 A 市 L 垃圾焚烧厂外观

市民们被引入一座建筑的大厅，还没有明白过来，大家已经身处垃圾焚烧厂①内部了。说是焚烧厂，进门处就像一个现代化的办公楼。大厅光洁明亮，玻璃门、大理石地板，摆着盆栽。门上有一块金属铭牌，写着"AAA 级无害化焚烧厂"。两个看起来颇为干练的年轻女性作为导览，提醒大家已经进入了焚化炉内部。她们拿着喇叭，讲解流畅，引导人群参观的路线，看起来就像导游一样训练有素，只不过为了显得更加专业，流利的陈述中夹杂了科学术语。

大厅中最显著的是墙壁上的一块 LED 显示屏，实时监控荧幕上有一张表，报告着焚化炉排放物的实时检测数据。在最右边一栏

---

① 这座建筑是焚烧厂也是焚化炉，在下文中，我会根据需要称其为焚烧厂或焚化炉。

是"国标小时均值"——也就是国家规定的合法排放标准。通过比对不难发现，这些现实的排放资料都远远小于国标，也就是说，比国家规定的有害标准要低得多。

在讲解员的带领下，大家乘坐观光电梯来到了二楼展厅，这里的格局类似博物馆。入口处有 L 焚烧厂概况的图文介绍。四周的橱窗和玻璃柜里陈列着有关这个焚烧厂的展品（见图 3 - 2）。包括这座焚烧厂的外观模型、剖面模型、核心的锅炉模型、电子的模块流程图，还有俯瞰沙盘模型。模型都是自动的，讲解员按下开关后，模型就会动，灯光闪烁，模拟焚化炉的动态过程，甚至有红色灯光模拟火焰，十分逼真。

图 3 - 2　垃圾焚烧厂模型一

　　讲解员指着模型上对应的位置，给大家讲解垃圾焚烧的流程：垃圾首先会在车间被放置几天，发酵和干燥以便焚烧，然后才会进入焚烧系统。焚烧系统后端连接排放处理系统，处理内容包括余热、灰渣、飞灰、烟气、污水。

　　模型上巨大的烟囱也非常显眼。不免有市民提问，巨大的烟囱排出的烟尘是否会给环境带来危害。讲解员的回答肯定而自信："不会！"因为烟囱足够高，有 80 米，而且飞灰会经过布袋除尘，再加上对排放数据的实时监控，所以不会造成污染。还有比较专业的市民提问垃圾焚烧是否会产生剧毒污染物二噁英，讲解员回答：如果燃烧温度足够高，燃烧充分，就不会产生二噁英，技术和设备可以确保不会产生。

　　展厅的玻璃橱窗里还陈列着锅炉部件，如压力表、温度计，还有从这座锅炉里排出来的炉渣。炉渣被装进小小的玻璃容器里做成样本，如图 3-3 所示。橱窗上面有灯光照射，下面配以文字说明，看起来像博物馆的陈列品。

　　焚烧厂的内部装饰充斥着环保符号。走廊墙壁上装点着儿童的环保题材画作，例如"哭泣的地球母亲"或"世界各国人民手拉手共同爱护地球"，颜色鲜艳，风格童真。还有巨幅海报，写着"节能减排、低碳环保、可持续发展"之类的口号。楼梯的地面被刷成绿色。走廊的尽头和楼梯间，都有装饰的盆栽和敞亮的大窗，透过窗户向外张望，又会误以为自己走进了一家高科技公司的办公大楼。

　　锅炉最高层是这个焚烧厂的"中央控制室"。这里是焚烧厂的大脑，工作人员在这里操作和监控着锅炉。虽然是办公场所，也是

图 3 - 3　锅炉排放物的陈列

可以游览的。大厅是开放的，有一面钢化玻璃的透明墙壁，透过墙壁可以直接看到炉膛内部，垃圾被巨大的机械臂抓起来。大厅的另一侧是一片办公区，这是操作锅炉的工作人员每天工作的地方。大厅中间就是焚烧厂的核心——中央控制台。五六个穿着黄色制服的工人坐在台前，一边盯着眼前的显示屏，一边在键盘上操控着什么，不时拿起对讲机说一两句话，显得非常专注、认真、高效，没有因为参观者的到来而分心。他们面前的屏幕里，有些连接着锅炉内部的摄像头，可以看到炉内正在燃烧的熊熊火焰，有的是垃圾的近景特写。这些荧幕令人眼花缭乱。最大的一块上面是一个繁复的电路系统图，密密麻麻的数值在上面闪烁，术语是英文的。当然，参观的市民没有人能看得懂。参观者允许向工作人员提问。有人指着仪器好奇地提问，工作人员轻声耐心解答。大家走到这里，交谈的声音变小，连脚步都不由自主地放轻了，还互相提醒，"不要咗住人哋做嘢"（方言，意指不要妨碍别人的工作）。在排队用过洗手间后，"观光团"悄然离开，一路上连连称赞。

这座巨大的设施汲取了现代建筑设计的灵感，外观被设计成椭圆形，作为垃圾焚烧发电厂，同时兼具功能性和展示性。被重点展示的首先是实时监控数据，如大厅的实时监测资料电子屏和开放式的中控室。数据令人感到其专业性，尤其令业余人士敬畏，然而数据还不够直观。还有设备的实物，如压力计、炉渣样本，都一一陈列在玻璃橱窗，如同博物馆藏品那样，被打上灯光，标明名称，解说特性。自动化的模型展示锅炉的工作流程，解说员从技术的角度说明运作的原理。最后，中央控制室也被设计成开放式的（见图 3-4、图 3-5）。在这里可以观看工作人员的"表演"。当然，说"表演"，并不是说这些工作人员在假装工作。只是，在参观者的观看下，他们的活动也具有了表演性。在互动环节，他们还需要为参观者解答问题，解释他们的工作。可以说，有实物陈列加上多媒体展示，有导览和讲解，还有真人互动，加上精美设计的装饰品、有趣的模型和交互体验区，这座焚烧厂像一座主题公园。所有的展示都对外界宣示着这座设施的高科技，以及基于精密技术和严密控制的安全可靠。也就是说，垃圾焚烧发电厂不仅仅负责处理垃圾，还履行一个功能，就是不断地合法化其作为垃圾处理技术的优越性，为民众生产着有关垃圾焚烧厂的知识。

图 3 - 4　垃圾焚烧厂中央控制室

图 3 - 5　工作人员操作"表演"

　　然而，焚烧厂所展示的垃圾焚烧技术的高科技和安全，仅仅是有关垃圾焚烧技术的复杂知识的一部分。还有更多民众无法看见的事实隐而不彰。一个事实是：民众先是被填埋场的海量垃圾震惊，再看这座焚烧厂，会觉得焚烧技术特别先进。这种对比可能是政府为了合法化焚烧技术的一个策略。填埋场越是显得肮脏、恶臭、可怕，焚烧厂就越是显得洁净、环保、高科技。没有被说出来的事实是：对于垃圾处理，人们并不是只能在填埋和焚烧之间做出选择，在垃圾治理问题上，还有其他的技术和道路。如一位同情反焚运动的技术人士比喻说："听过灰姑娘的故事吗？大女儿长得丑，先看了大女儿，再看二女儿，会觉得特别美。可是三女儿呢，根本就没让出来见人。"

此外，焚烧厂仅仅展示了其安全性，其污染和风险却不可见。没有感官体验的肮脏和恶臭，不代表没有污染。像二噁英这样的剧毒污染物，反而是不可感知的。本章随后将会呈现，反焚行动是如何穿透焚烧厂高科技的外衣，揭示其被遮蔽的风险，从而挑战这种主流的垃圾处理技术的。

3.3　垃圾焚烧技术论战

下文将转换视角，分析围绕垃圾焚烧技术的争议本身，尝试回答，垃圾焚烧作为我国未来主流垃圾处理技术，为何会引起激烈的反对，其症结何在。

针对垃圾焚烧技术，反焚者与焚烧技术支持者展开论辩。辩论的场合既包括现实中面对面的场合，如会议、论坛、座谈会、法庭；也包括虚拟的场所，如大众传媒和网络空间。焚烧技术的支持者认为，垃圾焚烧技术是安全可靠的，通过技术手段可以控制污染排放，监测排放数据可以确保其安全；焚烧技术被反焚者妖魔化，反焚者怀疑是因为不懂科学技术。的确，比起专家的技术论证，反焚者更信任自己的感官和地方性知识。但是这种怀疑并不完全是非理性的恐慌。正如 Beck（1992）所描绘的现代社会的景况：大型设施构成了现代社会中无处不在的风险，一旦发生，会造成严重的破坏性后果，它超越人的感知能力，人们一方面不得不仰赖专家，另一方面又总是不可能消除所有的怀疑。以下将呈现双方的几个主要争议，并对这些争议进行理论分析。

3.3.1 垃圾焚烧与癌症的相关性争议：统计数据 Vs. 感官体验

2010 年初，一份"焚烧厂周边癌症死亡名单"开始在 A 市流传。这份名单公布了自 L 焚烧厂建成运行以来，焚烧厂所在地 K 村罹患癌症死亡的村民。反焚者通过媒体披露了癌症名单。对周边癌症家庭的描述，令人感到悲痛和同情。因为这份名单以及媒体的报道，K 村也被冠以"癌症村"的名头。这份名单引起了巨大的争议。反焚者和政府的公共卫生机构都针对名单展开了调查，得出了大相径庭的结论。

焚烧技术支持者质疑这份名单的真实性，他们怀疑名单里面有夸张和虚构的部分，更质问，统计学意义上，这里的癌症是否真的高发？流行病学意义上，这些癌症是否真的与焚烧厂有关？A 市疾控中心宣称"癌症村"子虚乌有，他们拿出当地死亡登记、肿瘤登记系统的记录、医疗报销及医院就诊记录等数据，证明 K 村的癌症发病率与死亡率和全国水平以及地方水平相当，年度发病率的波动也在正常范围内，没有在焚烧厂兴建后出现异常。两年后，疾控中心的这项"历史同期群"方法的统计研究，作为流行病学论文在专业讨论会上发表（林等，2011）。已有研究表明，此类基于统计数据比较的公卫研究方法看似科学客观，实际上仍有可能遮蔽部分事实。陈政亮（2014）对流行病学的批评指出，流行病学的科学问题在于"曝露于有毒物质"与"特定疾病"的因果关系认证，目前流行病学的常用方法是"研判曝露与未曝露于特定物质的特定群体的特定疾病发病率（或死亡率）之间的数值高低与比率"（303），如果前者高于后者，即可确认因果关系存在。然而，这种研究的问题在于如何分类和界定曝露与未曝露人群，实际上曝露的情况是非常复杂的，把哪些人建构为一个群体、把谁算进去、和谁比，选择的比较对象不同会导致不同的结果。例如，在工厂里，把工程师和一线工人一同归为曝露人群，就可能使得曝露的后果不显著。

反焚者和同情"癌症村"的媒体人士使用自己的方式展开调查。他们进村实地走访，按照名单挨家挨户一一核对，带回来的是令人叹息和同情的故事：这些名字不但全是真实存在的，背后还有一个个鲜活的人物和苦难的家庭。反焚者们不相信疾控中心的调查，因为"眼见为实"，抽象的统计数据被人为操作的可能性太大，远远没有亲眼所见的真实故事更加可靠。此外，就算这项研究是准确的，它也无法确保 K 村的癌症发病率在未来长期内都保持不增长。疾控中心承诺会长期跟踪此地的癌症发病情况。反焚者则指出：在没有疾病控制机构明确结论之前，焚烧发电厂已经建设并运营多年了，而如果长期跟踪证明确有问题，已经太晚了。

为了反驳"垃圾焚烧厂致癌并没有科学支持"的说法，反焚者们还寻求全世界范围内的例子。一名具有高教育水平的反焚人士，找到英语的学术论文，说明已经有科学研究证明垃圾处理设施附近居民的癌症风险确实更高（García-Pérez et al.，2013）。对此焚烧支持者也以专业的方式回击：对于尚不明确的问题，一篇文章不能代表科学界的共识。

事实上，反焚者们建立垃圾焚烧厂和癌症的相关性，既是实际认知，也是一种策略性做法。一方面，近年来目睹了癌症发病率和死亡率的增长，民众忌惮任何可能致癌的因素，无论有没有确定的科学证据。民众可能会同时持有几种不同的理论来解释癌症的病因，有时候这些理论来自不同的理论体系，例如科学的和非科学的，甚至是相互矛盾或排斥的（Lora-Wainwright，2009，2013）。反焚者们确实相信垃圾焚烧厂致癌，并且通过对"癌症村"村民的调查确定了这一认知。另一方面，建立垃圾焚烧厂致癌的理论，也是一种策略性的做法。Jing（2000）观察到，一名化工厂的反焚者把污染和生殖症状联系起来，强调污染可能导致不孕不育，通过这种论述合法化了他们的抗议，获取同情，因为生育和繁衍在中国文化当中具有不可否认的价值。同样地，在今天的 A 市，反焚者强调垃圾焚烧致癌，也是为了合法化自身的行动，强化反焚的道义基础：反对垃圾焚烧，是为了基本的生命存续，是为了不再制造更多的癌症。

癌症归因的不确定性给围绕癌症的争议留下了空间。对于反焚者而言，垃圾焚烧发电厂建成运转后几年内，K 村村民因为癌症死亡的人数增多是事实。然而，困难在于，他们无法使用科学承认的方法确定癌症是焚烧厂引起的。不过，对于公共健康专家来说，难题同样存在——他们无法证明垃圾焚烧厂并不致癌。为了消除民众的疑虑，公共健康专家使用统计研究来否定癌症和垃圾焚烧厂的相关性。然而，如上文所言，这种通过统计比较的方法对"曝露于有毒物质"与"特定疾病"的因果关系认证，存在一个非常大的可操作空间，看起来科学严谨，实际上未必客观。而即便是客观的科学论断，也未必能够充分说明当地的情况。正如 Kleinman（1995）对于公共健康知识客观性的反思："客观"意味着一种从外部得到的知识，这种知识外在于当地，排除了当事人的主观认知。如果只强调客观性，而忽略语境和情境性的知识，那么这种知识的有效性就会减损。当然，这并不意味着需要彻底抛弃公共健康知识的客观性，而是说，可以尝试发展一种"跨立场的客观性"。类似地，Corburn（2005）提出，公共健康知识不应该只有外在于当地的科学论述，而应该建立一种容纳社区文化、地方知识以及当事人主观体验的"街头科学"。

3.3.2 垃圾焚烧的地方适用性争议：普适技术 Vs. 地方特色

焚烧支持者强调，垃圾焚烧技术是一项全球性的先进技术。而反焚者恰恰认为，在国外研发的垃圾焚烧技术并不具有地方适用性：一是处理的对象——垃圾，二是技术运行于其中的环境——包括生态和社会政治环境，都是有地方特色的，全球性的技术未必适用。

3.3.2.1 二噁英的生成：本地的垃圾

二噁英，又称"戴奥辛"，是一类含苯环的芳香族有机化合物的统称，被认为是人类目前已知毒性最强的有机化合物之一，可以致癌，导致生殖系统、免疫系统、内分泌系统病变，还可能导致后代的畸变和突变（张等，2000；汪和朱，2001；田等，2008）。二噁英被人称为"世纪之毒"，这并非毫无道理。作为持久性有机污染物，二噁英的可怕和怪异之处在于，它是自然界当中本来不存在的物质，是工业化以来，化工制造所带来的副产品。化工技术的进步给人类带来更加低廉便利的材料和能源，也无意中创造了史无前例的剧毒副产品。另外，这种剧毒物的特点在于难以被降解，一旦产生，它们将持久性地存在于生态系统中，可以远距离大范围迁移，还能在食物链当中不断积累。最后，二噁英是"痕量级"的物质，以纳克来计算，质量微小而且无色无味，和人常识或想象当中的那种自然界的毒物不同，它无影无踪，人的感官无法察觉，可以说是"杀人于无形"。它的毒效也不是直接可见的，受其影响产生的疾病，大多数是慢性非传染性疾病，如上文提到的癌症，通常难以被明确地归因。

垃圾焚烧可以产生二噁英目前是已经公认的科学事实，生活垃圾有大量含氯（Cl）有机物，如塑料制品，在焚烧的过程中可能形成芳香烃，经过化合反应，形成二噁英。另外，垃圾焚化过程中产生的漂浮颗粒物质吸收了金属氯化物，也可能产生二噁英（任等，2010；黄等，2012）。不过，目前的垃圾焚烧技术也在致力于通过技术升级来防止二噁英的产生。目前的技术手段主要包括：控制燃烧过程中的温度高于 850 摄氏度，在这种情况下二噁英的结构会被破坏，无法形成；通过烟气处理设施处理焚化炉的排放物，阻止已经产生的二噁英被排放出去（施和邵，2006）。

虽然二噁英有剧毒、垃圾焚烧会产生二噁英是已经确立的科学事实，然而，实际上有关垃圾焚烧和二噁英的科学知识还有很多尚不明确的地方，包括更加具体的毒理学和流行病学知识，例如，对于周边居民而言，怎样的距离、如何曝露、接触多久、多大范围内会致使人体病变；而垃圾焚烧产生的二噁英，是否已经被有效控制，控制后是否还会致病。正是这些无法被明确回答的问题，成了论战争议的焦点。对焚烧技术支持者而言，反焚者对垃圾焚烧技术的排斥是非理性的，是"污名化"的，甚至是"妖魔化"的，是充满恐惧的想象，就像近代历史上中国人害怕照相摄人魂魄、因为害怕火车拆毁铁路。反焚者则使用科技的语言做出论证，他们的担心并非毫无依据。以下将一一分辨双方的观点。

争议 1：二噁英的毒性与风险

焚烧技术支持者从科普二噁英是什么开始。他们指出其实二噁英并不是一种物质，而是含有某种结构（1,4 - 二氧杂环己二烯）的衍生化合物的总称，有两百多种，每种的毒物学机理都不同。虽然大部分二噁英是剧毒的，但是在垃圾焚烧的排放物中，即便检测到这个基团，也不能证明这种物质一定会对人构成健康风险。即使这种物质有害，也无法证明在焚烧厂周边的环境当中，某种浓度的二噁英，对人有显著性的危害。

反焚者认为以上几点并不能说明焚烧厂是安全的。因为，无论二噁英是一种物质还是一类物质的总称、每一种的毒性如何，重点是，只要焚烧垃圾排放的二噁英有剧毒的可能，就有健康风险。尤其是，焚烧厂周边居民并不是一次性地接触垃圾焚烧厂的排放物，而是长期持续地曝露。焚烧厂排放的内容，取决于当天烧了什么，焚烧厂也许偶尔生成有剧毒的二噁英，但对于居民来说仍是危险的。另外，二噁英不是普通的毒物，它具有在食物链当中聚集的特性，居民每天从食物和空气当中摄入的二噁英会持续在体内积累，长期累积的结果是致命的。

争议 2：A 市的垃圾"烧不透"

焚烧技术支持者指出，要形成二噁英，一个必要的条件是垃圾的不充分燃烧，界限温度为 850 摄氏度，只要高于这个温度，苯环被破坏，二噁英就无法生成。这样，会不会产生二噁英的问题，就转化成垃圾是否可以充分燃烧的问题。要保证燃烧温度保持在 850 摄氏度以上并不难，这是现在的锅炉技术可以实现的。焚烧锅炉的预热系统、"第二燃烧室"的设计就是为了确保垃圾可以充分燃烧。

反对者相信，当前焚烧的锅炉技术，并不能确保燃烧温度始终在 850 摄氏度以上。这是因为，燃烧全过程还包括起始的点燃、升温和最后的熄灭、降温。如果降温不能在两秒钟之内迅速完成，那么二噁英还是有充足的时间和条件生成。当前的锅炉技术是无法保证如此快速地降温的。另外，理论上高温充分燃烧可保证二噁英不产生，实际上需要很多苛刻的条件同时被满足，包括柴油投放量、烟气温度、氧气浓度、停留时间等。这些条件不但缺一不可，还需要确保它们在每一次的燃烧中持续不断地被满足。

尽管无法直接检查焚烧的温度，反焚者们还是找到一个好办法，通过查看焚烧厂排出来的灰烬，来检验垃圾是否被充分燃烧。他们发现灰烬里面，竟然不时有未燃尽的物体出现，像是砖块大小的灰渣、PVC 管，甚至还有鞋（见图 3 - 6）。这些证据非常有力：这些物品都没能烧尽，可证明燃烧肯定是不充分的。

图 3 - 6　垃圾焚烧厂灰烬当中未燃尽物

资料来源：EC 提供。

　　这些照片令专家们非常难堪，不过他们还是找到几种可能的解释：首先，被送进焚烧炉的生活垃圾中混进了不易燃的工业垃圾，这导致了局部的垃圾未被燃尽（鞋子可能和工业垃圾裹挟在一起，所以无法燃尽）。焚化炉本来是用于处理生活垃圾的，并不适合处理工业垃圾。那么，为什么垃圾当中会混入工业垃圾？按照规定工业垃圾会被送进专门处理厂。但是，像 A 市这样的城市，市中心有城中村、郊区有城乡接合部，手工业和小作坊发达，这些小厂都有可能把工业垃圾混入生活垃圾中倾倒。所以，这不是焚烧技术本身的问题。此外，还有一个极大的可能是，锅炉的传送带老化，履带之间缝隙变大，于是有物品掉落，成了漏网之鱼。如果是这样，问题就是设备故障老化导致的，并非焚烧技术本身的缺陷。这些问题是可以通过严格的监控和定期的检修解决的。

　　除了举证炉灰当中有未燃尽的物品，反焚者还以当地垃圾的独特性来论证 A 市的垃圾"烧不透"。反焚者强调，A 市的垃圾含水量比较大，特别不适合焚烧。这是因为，A 市有独特的饮食方式，尤其是食谱的内容复杂多变，有大量喝汤的习俗。反焚人士当中有这样的说法，"我们不像外国人，只吃汉堡和牛排"。他们指出中餐独特的料理方式容易产生更多的剩余物。这些都使得 A 市的生活垃圾里面，厨余垃圾/有机垃圾的比例偏高。此外，地处东南沿海，A 市属于亚热带季风气候，这又增加了垃圾的湿度。尤其是每年春季的"回南天"①，空气含水量极大，加剧了垃圾的潮湿。根据城管技术研究中心的数据，在 A 市，厨余垃圾/有机垃圾，也就是"湿垃圾"，接近垃圾总量的60%。湿垃圾比重这么高，A 市的垃圾根本不是用于燃烧的理想材料。一方面，含水分过高，就不利于燃烧，会影响燃烧温度，导致二噁英产生；另一方面，大量的水分蒸发，还容易导致排放控制设施如除尘装置失灵。反焚者据此论证，虽然西方国家和诸如日本等发达国家使用垃圾焚烧，这并不意味着垃圾焚烧对中国是合适的。尤其是，这些国家还有垃圾分类的举措，进一步减少了垃圾当中的有机物和含水成分。

对于支持垃圾焚烧的技术人员来说，湿垃圾过多的问题是技术可以解决的。首先，焚烧厂有一系列的"预处理"工序，送来的垃圾会被先放置几天，沥干、发酵，干燥后再烧。其次，会有各种技术手段辅助燃烧，如会往锅炉中添加助燃物，还有燃烧启动装置、预热装置、辅助燃烧室等设施。而即使焚烧过程会释放包括二噁英在内的污染物，焚烧炉也有布袋除尘设备②、活性炭吸

---

① 每年春夏交接之际，海洋的暖空气与大陆的冷空气交汇，这导致 A 市有两个月异常潮湿、雨雾极多。这种潮湿的天气，被当地人称为"回南天"。

② 布袋除尘设备，简单地说，就是一种过滤烟气的装置，是由某种纤维材料编制而成的布袋。烟气排放前，会先经过这个布袋，这样烟气当中的粉尘就会被拦截下来。

附设施①和其他烟气净化设备，用于控制污染物的排放。反对者指出，这些技术虽然能够降低，但不能杜绝二噁英的排放。最后，这些设备还是有停用、老化、失灵和故障的可能。即使只有偶尔的"漏网之鱼"，对于长期曝露其中的居民来说，也是危险的。

3.3.2.2 技术运行环境：本地的特色

上文呈现了围绕垃圾焚烧技术本身的争议。焚烧支持者认为，虽然垃圾焚烧有可能产生二噁英，但是技术和设备可以解决这个问题。反焚者指出，国外研发的焚烧技术，并不适用于 A 市的垃圾。因为 A 市的垃圾含水量过大，焚烧时更容易生成二噁英。下文将离开技术本身，检视双方围绕技术所处的运行环境的争论，更具体地说，包括监测、管理和监督的问题。

争议 3：排放标准

焚烧技术人员认为，外行人不了解焚烧技术，与其怀疑处理过程，不如直接关注结果。对于工厂的排放，有国家制定的"国标"（国家标准）排放规定，符合国标，就意味着是安全的。相反，只有排放不符合国标，才能说明有问题。L 焚烧厂宣传，该厂的二噁英排放，一直优于国家标准（$1ng/m^3$），甚至达到了欧盟指标（$0.1ng/m^3$）。

针对焚烧技术支持者强调的"只要符合国家排放标准就是安全的""只要达标就没有危害"，反焚者深感怀疑。首先他们不相信焚烧厂对于自己排放达标的吹嘘，认为焚烧厂很可能在资料上

---

① 活性炭吸附设施，通俗地说，就是利用活性炭的强吸附功能，对烟气进行过滤。

造假。他们甚至也不信任环保部门会认真监管。对此，K 村村民有一种朴素的说法"人造电脑，电脑造人"，意思是说计算机都是人造出来，那么人为更改数据也是可能的。他们不相信焚烧厂提供的数据，宁可相信自己的眼睛。他们观察焚烧厂的烟囱冒出来的烟气。有时候烟囱排放出来的烟气是黑色的，而非平时的白色，他们就怀疑当天的排放有问题。专家则回应说烟气的颜色发黑有很多种可能，也许跟当天的温度、湿度、所参照的天空颜色有关，仅凭颜色判断，并不能说明当天的排放没有得到有效控制，更不能断定排放物当中就有毒害物质。烟气的颜色和形状与当天的天气、温度、湿度有关，例如，乌云也是黑色的，这并不能证明乌云有害。

事实证明，反焚者的怀疑并非没有道理。"零废弃联盟"成员环保组织向环保局申请公开 L 焚烧厂排放资料的信息，发现环保局提供的信息不完整。从时间上来看，环保局并没能提供焚烧厂运营以来所有年份的数据。尽管 2006 年焚烧厂就开始试运行，但环保局仅仅提供了 2009 年之后的数据。从项目上来看，环保局所提供的污染物品项不全，例如，一氧化碳、氯化氢、汞、镉、铅都没有提供监测数据，尤其是，二噁英的检测资料根本没有。2013 年初，环保组织将环保局告上 A 市某区人民法院，指环保局没有依法公开垃圾焚烧厂的排放数据。在法庭上，环保局辩护说，因为对于二噁英的检测需要很高的技术而且成本高昂，环保局自身没有这个技术能力，所以就委托有能力的机构进行检测，一年一次，目前还没有拿到 2012 年的结果。

两个月后，法院判定 A 市环保局违法。不过，环保组织对结果并不满意，因为法院并没有强制要求环保局主动公开排放数据。于是继续上诉到 A 市中级人民法院。一年后，在此环保组织推动下，环保局终于公开了二噁英排放的检测资料。在这份报告中可以看到二噁英确实达到了国标（1ng/m³），但并没有像之前宣传所声称的那样，持续达到欧盟标准（0.1ng/m³）（见表 3-1）。

表 3-1　A 市环保局提供的 2012 年 L 垃圾焚烧发电厂二噁英数据

监测日期	排污口	采样点	I-TEQ（ng/m³）
2012. 12. 14	1#焚烧炉	1#炉 1	0.075
		1#炉 2	0.067
		1#炉 3	0.059
2012. 12. 31	2#焚烧炉	2#炉 1	0.194
		2#炉 2	0.196
		2#炉 3	0.225

资料来源：A 市环保局对于其 L 垃圾焚烧厂排放数据信息公开申请的回复，由零废弃联盟成员 NU 提供。

环保组织通过这场官司为民众和媒体展示了焚烧厂和环保部门未必会像承诺的那样时刻严格规范地监测排放，而在这种情况下，焚烧机构直接宣传自己的排放优于国家指标，是虚假的。尤其是，二噁英根本不是可以每天实时监测的。二噁英的监测成本高昂，对技术要求极高，间隔长、程序烦琐，目前的做法是每年抽样检验一次。即使排放数据准确无误、及时公开、没有造假，拿到的结果也是一年半以前的数据。换句话说，假如排放超标，也要一年多以后才能知道。在官方的话语中，焚烧厂和环保局都保证，会对二噁英的排放进行科学的检验。这听起来令人放心，但是真正了解二噁英的检验方式，才会知道其中蕴藏的风险。

另外的一个问题来自"抽检"的方法。如表 3-1，对于每年的二噁英排放，L 焚烧厂只对两个焚化炉分别抽样一天。抽样法对于别的设施或许更加有效，但是对于垃圾焚烧厂未必。这是因为，垃圾成分是复杂的，根本不是同一种物质。虽然焚烧技术把垃圾当作同一种物质来处理，实际上其成分每天都会变化，在不同的季节，由于季节性的生活和饮食的差异，垃圾内容可能千差万别，焚烧后的排放也可能差异极大。

最后，排放标准本身也值得推敲。反焚者质疑：中国规定的二噁英排放的国家标准（$1ng/m^3$）为什么比欧盟标准（$0.1ng/m^3$）低①？这个标准是如何制定的，有哪些科学依据，这些依据是否都确凿无误，计算方法是否适合本地？换句话说，符合这个标准是否就等于是安全的？对于这些问题，专家没能提供令反焚者满意的答案。

争议 4：安全距离

和国标问题类似的，还有安全距离的问题。反焚者质疑：是不是焚烧设施和居民区的距离超过了国家规定的安全距离就一定是安全的？我国规定，焚烧厂距离居民居住区不得小于 300 米。专家指

---

① 值得说明的是，2015 年，国家在反焚运动的推动下修改了二噁英排放标准，从 $1ng/m^3$ 提高到了 $0.1ng/m^3$。本书所描绘的情况，是标准修改前的情况。虽然情况已经发生变化，但是正是这些争论导致了最终标准的修改。因此，回顾当时的历史仍是有意义的。

出这个标准考虑了焚烧设备和技术、排放物的浓度、典型的风速和风向等因素。而大多数反焚者都认为这个距离过近。焚烧技术支持者以日本为例，说在日本垃圾焚烧厂距离居民区都不远，甚至焚烧厂隔壁就是幼儿园。而反焚者认为这样的类比没有意义，因为没有考虑当地的环境和条件。首先，中国当前焚烧的垃圾未经分类，带有厨余、危险废弃物的复杂垃圾更容易产生有毒害的排放物；其次本地毗邻工业区，目前已经承受着更加严重的污染，包括空气、水源和食物的污染，也就是说，居民面对的长期污染源不是单一的，可能受到交叉、重叠的污染物曝露，所以，计算排放标准和安全距离，都应该考虑到这些因素。假如周边环境的汞、镉、铅浓度较高，这种情况下，人体所能承受的来自焚烧厂烟尘的汞、镉、铅就更少了。总之，焚烧支持者认为符合国家和行业标准就意味着安全。反焚者则质疑标准制定的方法，指出这些标准并未充分考虑技术运行的环境。

争议 5：运营管理

反焚者对于垃圾焚烧厂还有一个巨大的质疑来自对运营管理的不信任。居民们担心，设施有可能出现失误和故障。就算焚烧本身是一项先进的技术，其设备在运行过程中仍然可能存在监督管理的疏漏和隐患。在 2010 年 1 月，L 焚烧厂曾经发生过一次爆炸事故，这就证明了焚烧厂确实存在风险。

对于反焚者的担忧，焚烧技术支持者指出：首先，管理问题并不是技术的问题，不能因为管理而否定技术本身；其次，垃圾焚烧技术作为一项相对成熟先进的技术，是有可控的流程和可见的指标的，其运行过程是可供监督的，相对于目前大量存在的偷排、偷烧，垃圾焚烧厂是相对可监管的；最后，为了打消对管理的疑虑，L焚烧厂的第二座焚化炉请来了富有垃圾焚烧厂运营经验的集团来合作管理，还直接聘请其他焚烧厂的前厂长作为新厂长。

争议6：国际经验

最后，双方辩论还围绕国际经验展开。焚烧支持者的一个论点是，焚烧已经是国际上普遍接受和公认安全的技术，在发达国家大规模使用。他们热衷于强调焚烧技术已经是"在国际上被认可的""国际公认的安全的"技术。尤其喜欢以日本、北欧作为例子，证明垃圾焚烧技术在发达、先进的国家被广泛使用、运作良好、安全。此外，全球还有大量新的垃圾焚烧项目在规划筹建，这些都证明了焚烧将是未来全球垃圾处理的主流技术。事实上，这样的论述基于一种潜在的认识：首先，在技术应用领域，存在某种"国际上公认"的事实；其次，如果一项技术是国际上普遍认可和接受的，那么就是更加具有合法性和优越性的。他们口中的"国际上"，字面上模糊地泛指全球，实际上指代的是发达国家和地区，主要是欧洲、北美和日本。

针对这样的论述，反焚者则强调"国情"和"本地"，一种技术在国际上流行，不代表对本地一定适用。那些不得不使用垃圾焚烧技术的国家可能是有其原因的，例如土地面积小，无法填埋；自然能源不够充足，更需要焚烧垃圾产生电力；农业不发达，对于有机垃圾堆肥所产生的肥料没有需求等。而这些情况都和当地不尽相同。

3.3.3 最不坏的技术？高效治理 Vs. 环保主义

从垃圾治理的角度看，焚烧技术支持者认为垃圾焚烧是必须的。虽然垃圾焚烧厂有废气排放，但是其中的污染物排放量，比起其他化工厂、发电厂并不多。例如，产生同样的电量，焚烧发电厂对 $PM_{2.5}$ 的排放，远远小于燃煤。再加上相对于这些大量存在的规模各异、技术水平参差不齐的发电厂、化工厂，目前中国的垃圾焚烧厂都采用进口的设备和最先进的污染控制技术，还执行最严格的监控措施，已经是最不坏的技术。

焚烧技术支持者相信，二噁英的排放同理，相对于其他未经有效控制的二噁英制造源，如化工厂、农药制造厂，以及大规模存在的非法垃圾露天焚烧，垃圾焚烧厂制造的二噁英至少做到了以目前先进的技术进行控制和监测。与其针对垃圾焚烧技术，不如先控制其他污染源。

焚烧技术支持者还相信，相对于其他垃圾处理方式，焚烧厂是目前最不坏的选择。首先，焚烧支持者认为，指望通过垃圾回收再用来解决垃圾问题是环保主义者天真的幻想。事实上，中国已经存在庞大而发达的回收再造产业系统，但仍有大量垃圾剩下来，所以如果要保持目前的消费模式和生活方式，那么不可避免地就有大量的垃圾需要处理。其次，环保主义者推崇备至的堆肥技术，实际上也不现实。因为堆肥首先需要垃圾分类，而目前垃圾分类尚未全面实现。还有，厨余堆肥技术尚不成熟，其规模化和产业化程度远远不及焚烧技术，能够处理整个城市垃圾的堆肥技术方案在全球都没能实现。最后，比较填埋和焚烧两种技术，填埋占用土地、选址困难，没有焚烧高效，也不能把垃圾转化为能源。焚烧技术支持者坦言，面对不得不处理的大量垃圾，垃圾焚烧是"两害相权取其轻"、目前最不坏的选择。

而反焚者更多注意到的是污染风险、环境健康，以及物质浪费的问题。如上文所言，无论如何，垃圾焚烧制造的不是普通的污染物，而是"世纪之毒"二噁英。对于居民来说，这种健康风险更是不可承受的。反焚者认为，不愿在垃圾减量措施上多下功夫，也不愿意给其他多元化的、较小规模的技术机会，依赖焚烧技术路线就是一种懒惰。推动垃圾的减量和资源化虽然更为困难，但并不是"两害相权取其轻"，而是真正地消减危害的总量。

更重要的是，反焚者指出，从长远来看，垃圾焚烧和环保的价值本质上是相冲突的。如果 A 市可以有更加环保的垃圾治理系统和生活实践，例如垃圾分类、减少包装物，那么垃圾总量将会减少，这样，将会有更少的垃圾进入焚烧炉。而已经建好的焚烧炉是有固定处理量的，垃圾少了就有可能出现闲置或空转——台湾地区就是一个先例，施行垃圾分类和计量收费后，居民人均垃圾日产量从 1.3kg 下降到了 0.4kg，目前的 26 座垃圾焚烧厂空转率高，常常有"吃不饱"的问题。空转或闲置无疑会造成巨大的浪费。在垃圾量不够的情况下，焚烧厂想要"喂饱"锅炉，达到持续运转，只有两种解决方案：添加更多的燃烧辅料，或者找到更多的垃圾。这就成了舍本逐末：焚烧厂本来是为了处理垃圾而建的，但是为了焚烧厂运转，又不得不焚烧其他的材料，例如煤。甚至，为了消除垃圾而建造的设施，反过来还要求垃圾持续大量供给。对此，中北欧国家提供了例证，在瑞典，每年要进口 80 多万吨垃圾，到 2016 年，垃圾进口量还要增加一倍（吴，2014）。本来是处理垃圾的设施，为了其运转还需要从外地进口垃圾，这是非常荒诞的。还有一种更坏的可能是，由于焚烧厂本质上不鼓励垃圾减量，任何推动减少制造垃圾的环保举措将会难以推行。

3.3.4 对技术争议的分析

上文呈现了围绕焚烧技术的几点争议。争议的焦点包括：L 垃圾焚烧厂是否导致周边居民癌症高发；垃圾焚烧技术是否适用于本地；以及垃圾焚烧技术作为最不坏的技术，是否应该被大规模使用。在辩论中，专家指出焚烧设备的技术，以及排放监控制度，都可以保障焚烧厂的安全。而反焚者强调，全球性的技术，未必适合所有地方的垃圾。下文将采用 STS 的理论路径对技术争议做出分析。

（1）"见证"的力量

> 我在二噁英实验室，手里拿着这小小的东西，心里想，原来我一直反对的就是这个……我还真有点紧张，怕怕的，生怕失手打碎了。
>
> ——B

这是 B 向我描述的，参观位于浙江杭州的二噁英实验室，第一次亲眼看到二噁英时内心的感受。这种无色无味的微小物质构成了他们反对垃圾焚烧的直接原因。不过，这是第一次亲眼看见自己的"敌人"。

因为二噁英无色无味、痕量级、不可见、不可感，监测数据则是一年一次，还有滞后性，所以，对于双方而言，想要直接证明垃圾焚烧厂是否正在产生二噁英，都是极其困难的。为了支持自己的观点，双方都采取了"举证"的方法。

如本章开篇所呈现的"垃圾焚烧厂主题公园"，垃圾焚烧厂的设计，不仅有消除垃圾的实用功能，还兼具展示的功能。博物馆式的陈列和模型、开放的中央控制室、可以直接看到锅炉内部的透明墙壁，加上"导览服务"以及"操作表演"——这个设施的设计使得设施具有一种生产性——不断宣称着垃圾焚烧技术的安全性，生产着"安全可靠的垃圾处理技术"的见证人，也生产着他们对于"垃圾焚烧技术是安全的"的认知。他们确实"看见"了燃烧的过程，也看见了先进精密的处理和监控设备。被邀请参与"见证"的主要是媒体和普通市民。经过"见证"，媒体会把这种见闻作为知识向更加广泛的受众传播；而普通参观者带着这种新的认知回到他们的日常生活当中，这种认知成为他们知识的一部分。作为"常民"，如果不是焚烧厂已经或者即将建到自家后院，他们几乎不会再怀疑这种认知。反焚运动一个预料之外的后果是，为了应对民众的质疑和反对，后来修建的焚烧厂进一步强化了展示性功能。L焚烧厂的第二座锅炉，为了让参观者可以亲眼观看焚烧的全过程，采取环形的、开放式设计，比第一座锅炉更加直观、透明，连市长都称赞这座焚烧厂"漂亮"。而全国的焚烧厂，都有诸如"周四开放日"之类的设置，欢迎市民前来参观。

反焚者也在积极制造他们的"人证"和"物证"。焚烧炉的灰烬当中未被充分燃烧的残留物，以及村民报告说亲眼所见的烟囱冒出来的黑烟，就是没有充分燃烧、没有有效处理的"铁证"。在各种公开的和私下的聚会中、在现实的和网络的讨论当中，残留物的照片和村民的证词被不断地展示和引用。对于这些证据，焚烧专家试图从原理上解释这些残留物生成的可能性，语气严谨、态度客观，从而把自己的回应变成"专家对常民解答疑问"。例如上文所述，对于村民看见黑烟的证言，他们解释说烟雾的颜色和浓度不能说明任何问题，就像乌云并不有毒，只有专业监测数据才能真正说明烟雾的成分，说明有毒害物质是否超标。通过这种回应，他们把村民裸眼观察的证据降级了，指出这种感官的证据不如设备的监测数据可靠。因为这些数据经过精密的仪器测量，又经过专业人士的解读，所以更加具有合法性、优越性、权威性、真实性。

Shapin 和 Schaffer（2011）通过科学史研究，指出"试验"是逐渐取得合法的地位，成为生产"事实"即科学知识的权威场所的。而在实验室里生产一种科学事实的关键规则：一是尽量最优的、尽可能消除偏差的实验仪器；二是有证人的"共同见证"。也就是说，理论上，一项实验，不仅要被科学家本人，还要被其同侪所共同见证，其生产的知识才能作为事实被接受。而共同见证的众人应该是受过科学训练的。受过科学训练的眼睛的见证，应该比普通民众的观察，更有合法性和事实性。在本书垃圾焚烧厂的例子中，所生产的知识不是科学定律，而是对一种技术的合法性的认证，不过，基于"共同见证"思想及"见证"技术被广泛使用。焚烧技术支持者一方面试图制造共同见证的证人；另一方面试图降低常民裸眼观察的等级，而强调仪器检测、专家解读的权威性。在这里，"共同见证"对于事实的确立仍然具有效力。不过，生产知识的不是科学试验，而是大型设施本身，设备不断生产着民众对于这项技术安全性和优越性的体认。

同时，反焚者也强调证据的重要性。他们使用证据支持自己的质疑。他们在公共讨论中，大量地展示、引用、罗列、演示证据，用物证把自己的怀疑具象化。Choy 在香港的反焚运动中也观察到了证人和证言在听证会等场所被广泛使用的情况。他指出，专家作为证人，被反焚者引入和呈现在很多场合当中，这些专家的证言"作用于生产一种联结关系，把专业的知识和常民的知识联系起来"（2011：85）。而支持焚烧技术的香港特区政府则试图通过怀疑这些专家的专业性的方式，例如专家的专业不对口，来取消这些专家证言的合法性。反观 A 市的案例，在这里，反焚者大量展示的是来自常民的证据，同样地，也是为了建立一种联系——常民的知识、信息和资料与这项技术的联系。他们试图把常民的知识、信息和资料引入对技术的讨论，作为对专业监测仪器和专家生产的知识漏洞的挑战。他们反而相信，监测仪器和专家解读的数据更容易受到操控，因为仪器毕竟是机器，是受人控制的，专家可能倾向于政府，都不及当地人肉眼观察到的材料真实。

总之，在争论中，双方都大量使用"见证的技术"。使用"见证的技术"这一术语，我指的是：在科技的对话或争论当中，针对不可见的物和过程，通过一系列视觉化、具象化的手段，进行展览、展示、表演，生产证人，制造一种"共同见证"。这种见证的技术被大量使用，是因为"共同见证"具有一种效力——生产一种有关某种不可见之物确实的论断，一种作为事实的知识。争论双方都认可这种效力。不过，专家认为见证的效力是有等级之分的，科学仪器和专业人士的见证更具优越性，当然，常民可以在专家的指导下进行见证。而反焚者试图把常民的见证合法化，他们认为这种见证，至少和专业人士具有同等效力，常民的见证甚至更具可靠性。反焚者认可见证的效力，说明他们并非不懂科学，他们同样接受科学逻辑——实证主义，但是反对专家对于证据的提供及解释的独断权威。

（2）作为"常民专家"① 的地方行动者

> 我们知道附近要建焚烧厂，就开始了解焚烧厂有什么危害……怎么开始？就是上网查"垃圾焚烧"，然后（搜索）"垃圾焚烧 二噁英"。
>
> ——B

以往研究发现，地方民众有能力通过自学掌握有关进入当地大型设施的专业知识：为了理解核电厂的影响，当地的常民通过自学将自己变成科学家（Ikegami，2012）；此外，他们能够基于对技术知识的掌握，理性地对风险做出自己的判断（Fang，2013）。本书也观察到，在争论中，技术专家并不是唯一垄断专业知识与科学话语的一方。虽然反焚者被指责"非理性""科盲""浪漫主义或迷信的环保主义者""不懂"，实际上技术专家并没有垄断科技知识。在争论中，可以看到反焚者从科学的角度针对技术问题与专家展开争论。所以，这场争论并不是一个简单的"科技精英主义 Vs. 无知的普罗大众"的故事，或者说是一种"专家 Vs. 常民"的二元对立，这些对比在这里并不可简单套用。在本案例中，反焚者们经历了一个自学的过程。反对者对焚烧技术的自学从检索"垃圾焚烧"

---

① "常民专家"即 lay expert，这是台湾地区 STS 研究当中的通用翻译。

这个关键词开始，逐渐累积有关这项技术的知识。他们还会联系和请教专家学者，尤其是那些对焚烧技术持有异议的学者。在辩论中，他们可以熟练地使用"二噁英""持久性有机污染物""热值""安全距离"这样的专业术语。他们不但用科学的语言和专家进行讨论，还以科技的原理质疑技术的安全性，例如"垃圾含水量大，不易燃烧，更容易导致二噁英的生成"这样的推论。

除了科学知识的学习和应用，在反焚者的论辩中，还有大量的地方性知识被激发和调动出来。例如对于"A市的垃圾不适宜焚烧"这个论点的论述，他们结合了地方性知识"A市的厨余垃圾比例偏高"、"A市的亚热带季风气候"和科学论述"湿度大导致热值低，不易充分燃烧，不充分燃烧会导致二噁英的产生"。在这种论述当中，不但地方性知识被动用，这些知识还被整合进了科技的论述中。其他被调用的地方性知识还包括，基于近年来口耳相传、耳闻目睹的污染、公共安全事件而产生的，对运营管理和有效监管的不信任。

反焚者不仅仅把地方性知识整合融入科技讨论当中。事实上，在专家化的道路上，他们走得更远。他们调查和收集本地有关垃圾处理的各方面情况。对于任何一项有关垃圾的新法规，他们都消息灵通；他们可以信手拈来地比较不同技术的优劣以及在当地开发的状况；他们可以罗列当地涉及垃圾处理业务的大小私营公司。这些都使得他们有底气和专家对话。通过学习和调查，反焚者构建了自身的专业性——这种专业性包括了对科学知识和地方性知识的综合和整合。

与其说这场辩论是科技精英和普罗大众之争，不如说是两种专业性之争：一方是受学院训练和权威认证的科技专家，另一方是不断自学和整合知识的常民专家。作为环保行动者的常民专家不仅自学科技知识，也不仅作为当地人调动自己的地方性知识参与讨论，他们还会通过实地调查掌握更多的当地情况。两种专业性生产两种不同的知识。在科学的场域内，科技专家无疑更加精专，不过常民专家的知识更加多元细微，吸纳和综合包括科学、地方性知识、个人经验与历史记忆、社会调查资料在内的不同知识。

首先，两种知识采用不同的叙事。焚烧技术支持者，特别是专家的知识更多地以科学原理、统计学的语言论述。这种叙事是抽象的和总体性的。例如：焚烧技术对于整个城市而言是有效率的、危害相对小的；当前统计资料并不支持焚烧厂周边居民癌症死亡率显著上升的假设。与之不同的是，反焚者的叙事是主观的，也更加微观。他们的叙事采用感官的材料，包括那些看到的飞灰和炉渣、烟囱里冒出来的烟雾的颜色和浓度。这种叙事还是个体性的，包括每一个污染受害者的病史和家庭故事。可以说，支持焚烧厂的技术官僚和市政管理者的叙事，所采取的是"国家的视角"（Scott，1998）。Scott指出，国家从宏观、整体性的角度将社会视为可控制的，却忽视了大量丰富、"微观底层实践性知识"（metis）。"国家的视角"的一个结果是制造了失败的大工程，而这些大工程在规划时，看不到日后任何可能出现的问题。反焚者的叙事，包含一些"微观底层实践性知识"，却又不限于这种知识。他们力图把微观的当地的知识和观察，融入科学的话语，继而试图和国家对话。

其次，支持者述说的是焚烧技术的确定性，尤其是那些已被证明的科技论断，而反焚者言说的则是可能性，也就是风险（Beck，

1992）。有关焚烧厂的宣传试图呈现的是一个看起来完美无瑕的技术，有关技术的缺陷、模糊、争议，未解决和探明的部分被隐而不彰。在技术支持的论述中，不可控、不可测、不确定、科学尚未探明、技术难以解决的部分没能被言说，例如，他们习惯于阐明某种技术可达至某种效果的控制，如活性炭吸附设施可去除90%的毒害物质，却无法说明剩下的10%在不同情况下是否安全。又如，他们把安全性操作化，使用一系列排放指标说话——只要这些数据达标就是安全的。然而，未曾言明的是排放标准如何制定？是否合理？标准是否在任何情况下都适用？他们也未能言明，二噁英检测对技术要求极高，仅有少数几个实验室能够检测，所以并不能够被实时监控。反焚者所做的恰恰是揭示这些不确定性，找出被完美呈现的技术存在的局限，揭示看起来符合标准的资料和数据背后的意义，指出这些技术的漏洞和可能出现的问题，尽管风险的发生是小概率的。

再次，焚烧技术支持者的叙事是抽象的、剥离社会情境的，而常民专家的知识是情境性的。支持者维护焚烧技术，认为管理问题、设备老化、故障都"不是技术本身的问题"，就好像存在一个完全理想的纯粹技术，不会出现失误、故障。相反，反焚者力图证明，这项技术实际上的运行环境和条件是复杂的。这项技术运行的社会现实不是理想条件，所要处理的垃圾本身也是复杂多变的。他们不相信焚烧技术看似严密完整的叙事，从不确定性、现实复杂性的角度挑战这些论述。

最后，如何理解反焚者作为常民专家的专业性？这涉及 STS 研究当中的一个关键争论，即谁有资格对科技的应用做出决策？换句话说，常民是否有资格像专家那样对一项技术的决策发表意见？
（Collins & Evans，2002，2007）。Collins 和 Evans 认为，常民虽然在
政治上有参与决策的权利，但是并不具备专家的资格。以往对于科
技的社会科学研究过度解构了科学的专业性，孕育了太多的怀疑主
义。应该把决策权还给"核心专家"，因为"大众可能是错的！"
（2002：271）。很多批评者认为这种论断是一种倒退：专家和常民的
划分在不同的社会、文化、制度下是不同的，划分本身应该是批判
性研究的焦点（Jasanoff，2003）；专家本身就是建构的、在竞争中产
生的，专家权威的建立是一个过程，就算大众是错的，你什么时候/
如何才能知道大众是错的呢（Rip，2003）？技术不应该脱离其被应
用的政治、社会情境孤立地被专家评估（Goven，2008）；科学家的
文化霸权的问题在于，对于自然和社会问题，过早地强加了一套意
义给大众，而大众只能在这个框架当中理解，科学研究的职责恰恰
是质疑这些给定的意义，把公众带回到决策参与当中（Wynne，
1996，2001，2003）。

　　本书尝试回应这个争论。我赞同对于 Collins 和 Evans 的批
评，认为不能简单地设立专家—常民这种泾渭分明的二元对立，
并把常民排除在科学决策之外。常民本身是多元化的。本书中，
A 市的反焚运动人士作为常民专家，其专业性基于一套在行动
中生产的知识，包括对科技知识的掌握，对地方社会、政治、
经济情况的理解，对本地各种竞争性技术的了解。这套知识还
包括对于垃圾这一技术的对象物、有关垃圾的社会问题的重新
理解和界定，以及对垃圾处理技术的另类叙事。他们比专家更
了解技术运行的社会文化环境。他们生产的知识与科学知识不

同，也不仅仅是一种当地普通人的生活经验。作为常民专家，他们超越了常民与专家的二元分立。这种常民专家，是 Collins 和 Evans 所想象的科技决策图景当中所缺失的。所以，不能急于把常民排除出科技决策的小圈子。事实上也没有一种对技术丝毫不懂的常民。反焚人士作为一种常民专家，恰恰提供了科技专家不具备的专业性。

"转译"的行动：全球的技术，地方的垃圾

和本案例相似，在 Choy 对香港反焚运动的研究中，普遍性和特殊性的问题也是争议的焦点。香港环保部门的官员认为，反焚者们使用的有关垃圾焚烧厂的报告没用。因为报告"基于从美国得到的数据，并没有充分地反映香港的情况"（2011：86），香港的垃圾成分和美国的可能完全不同。相反，在 A 市，是反焚者提出地方特殊性的问题，指出国外研发的技术，并不一定适用于中国本土垃圾。Choy 指出在对于焚烧技术的普遍性与特殊性的争论中，环保行动者普遍使用的技术是"比较"。而在 A 市这场针对垃圾焚烧技术的普遍性讨论中，被广泛使用的技术不仅是"比较"，更是一种"转译"的实践。"转译"是一种有关知识生产的实践，在这里，我使用拉图尔（Latour，2005）的"转译"概念①，来理解反

---

① 对这个概念的理论性讨论，详见导言"1.1.2 科学与技术的社会研究（STS）及其在政治生态学中的应用"部分。在这里需要进一步澄清的是，在 ANT 理论当中，无论是人类还是非人类的行动者，都是转译者，在网络当中通过转译相互作用和联结。在这里，我对"转译"概念的使用较为狭窄。我只是借用拉图尔的这种认识：转译意味着不是简单的反映、映射、表达、具体化。我所描绘的这种反焚者的转译行动，既包括简单的中介，还有稍微复杂的翻译的行动，另外还包括加工、扭曲、赋予自己的诠释、掩饰、混合。

焚者是如何组织和言说焚烧技术的。

如本章前述的争论，"垃圾焚烧技术是否安全可靠"这个议题，在争论的过程中，被反焚者转化为两个讨论：焚烧技术本身是否安全可靠、焚烧技术在当地是否安全可靠。亦即，垃圾焚烧技术是否为地方所适用。反焚者试图证明全球性的焚烧技术，并不一定适用于当地社会。在他们的论述中，当地至少有四个特色使得垃圾焚烧技术不适用于 A 市：第一，地方饮食文化、气候导致了垃圾成分和比例的独特性；第二，当地的社会政治情境下，焚烧厂疏于监督管理，发生意外和风险的可能性更大；第三，当地工业发达，20 年来环境富集污染物，民众已经曝露在多重污染之下，再加上二噁英这种持久性有机污染物，会有叠加效果；第四，那些不得不使用焚烧技术的国家与中国国情不同，例如没有大的国土面积用于填埋，没有充足的能源所以需要焚烧带来的电力。

通过提出地方的特殊性——中国特色的管理、生态环境、政治文化以及 A 市特色的地方文化和实践——反焚者挑战了垃圾焚烧技术的普遍适用性。在言说的过程中，无论是"国际"还是"地方"，以及两者之间的关系，都在被不断地重新想象。在这个过程中，反焚者不但挑战权力与知识精英的知识本身，还挑战他们界定何为"国际"和"地方"的权威。他们不仅仅再发现并强调地方文化的某些要素，重新建构地方的独特性，还对"国际"与"地方"的关系重新提出自己的主张。换句话说，在这个过程中，地方文化当中的某些元素被激发出来，被重新强调和确认。

在这场有关地方文化的特殊性与科学技术的普遍性的探讨中，作为转译者，反焚者们不仅仅是中介（intermediaries），即直接将常人的观点加入科技的讨论；或者直接翻译①，把科技知识翻译成常民的知识，或简单地把全球的环保主义知识翻译成中国语境中的语言和实践。转译包括中介和翻译，不过在中介和翻译的过程中，行动者还有意无意地加入自己的诠释、加工、扭曲（非贬义的）、掩盖、修饰、混合。此外，更为重要的是，反焚者转译的实践包括：①把常民的地方性知识，经过学习、综合、整合，转译成科学的语言；②在技术的探讨中，又把纯技术探讨转化为对地方社会和文化的讨论和确认；③把风险的恐惧和怀疑主义转译成科技探讨；④进一步地把自己的目标转译成环保主义的话语。

最后，在理解行动者转译实践的基础上，我尝试批评以下两种二元对立。

第一，"普遍的/全球性"与"特殊的/地方性"。实际上，什

---

① 翻译（translation）的概念来自知识社会学，对这个概念最著名的贡献者是 Michel Callon，由其在对于扇贝养殖的海洋生物学争议的研究（1986）当中提出。科学家通过翻译的实践，把社会的知识翻译成科学的言说，这种翻译包括以下几个步骤：①问题化，专家重新界定自然以及当下的问题；②定位，专家把问题涉及的行动者分配角色，把他们锁定在这些角色上；③卷入，专家通过一系列策略对这些角色相互之间的关系加以界定；④动员，专家确保他们所指定的相关群体的发言人都能够恰当地代表那些群体。Callon 指出，翻译是持续性的，贯穿在科学家的工作当中，不会一劳永逸地完成；对这个概念的使用意味着"摒弃对于自然和社会的先验的区分"（1986）。换句话说，Callon 所谓的"翻译"，是一个持续性地把自然的、社会的现象、元素、行动者翻译成科学知识的过程，尤其是，把社会的要素翻译成自然科学知识。在我的研究中，反焚者的转译行动，包括翻译这个实践。不过，这并不是一个如 Callon 所描述的如此精确严密的、步骤明确的实践。我所谓的转译，还包括诠释、加工、掩盖、修饰、扭曲、混合的过程。

么是普遍的、什么是地方特有的，是在技术的应用、言说、探讨、争辩的过程中被重新想象、组织和塑造的。转译的实践，把全球性的话语和知识传播、翻译到本地，又把当地的知识带入具有普遍性的科技的讨论，在这个过程中，不断重新划定界限，编排言说着什么是普遍的/全球性、什么是特殊的/地方性。

第二，"理性"与"非理性"。事实上，去讨论针对大型设施的反抗是理性的还是非理性的，没有瞄准问题的实质。或者说，这种问题意识无助于我们深入理解针对大型设施的反对运动。在本案例中，反焚者虽然是当地人、常民，同时也是具有理性思维和一定科学素养的现代人。他们并非全然的非理性——就像他们的对手讥笑的那样，像怕照相勾魂摄魄、怕铁路破坏风水的晚清中国人。他们有能力获得科技的知识、理解科技的原理、使用科技的语言，同样相信科学实证主义。同时，他们也无法消弭自己对于风险的"非理性"恐慌和怀疑主义。他们并非全然科学理性的，如果是这样，经过风险的概率计算，他们可能就不会再反对这项技术，因为风险是小概率的。他们的怀疑和惧怕永远不可能完全被监测的数据和专家的解答所消除。所以，他们既非理性的，也非非理性的；他们不是科技至上的，也不是反科学的。他们把恐惧和怀疑主义转译成科学语言，又把科学知识整合进自己的知识系统。在这个过程中他们重新编排自己对科技和地方的知识，基于这些知识，他们采取行动。

3.4 小结与分析

本章检视了围绕垃圾焚烧技术的一系列争议：已有的垃圾

焚烧厂是否对周边村民致癌，全球普遍的垃圾焚烧技术是否适用于本地，垃圾焚烧技术是不是有效解决垃圾问题的出路。我从 STS 研究的角度对这场争议进行分析：反焚人士结合地方性知识，以及自学的科学知识和对本地社会调查的经验，成为一种常民专家，通过转译这一行动，重新界定垃圾——将垃圾理解为本地的、特殊的物质，并由此挑战垃圾焚烧技术的普遍适用性。

本书关注反焚运动中知识生产所扮演的关键角色。针对科技知识的辩论构成了反焚行动的核心，相关的技术与环境知识在应用设施与科技争议中被不断再生产。焚烧技术的支持者谨守着科学的话语权。针对反焚运动的挑战，技术的应用和传播采用了去地方性的策略，通过营造科学客观性的空间场景，将垃圾焚烧设施对二噁英的有效控制及安全性呈现出来。与此同时，反焚者却在不断生产着挑战垃圾焚烧科学技术的反话语。他们也积极制造见证，以呈现此技术的风险；还通过引入地方性知识来建立自己有关风险和毒性的表述，挑战全球性的科学技术的地方适用性。作为常民的技术反对者正是通过知识再生产的策略性行动参与到环境治理当中来。在作为知识生产论域的环境运动中，常民的地方性知识被带入科学探讨，影响了科学技术研发和应用的方向，推动技术的改进，而常民的知识也得到了重述与再建构。

针对科技的争论已经改变了社会现实，既推动了焚烧厂的设计和技术升级以及相关国家标准和政策的修订，也持续塑造了公众对于环境正义、技术风险以及环境健康的认知。在科技知识再生产的同时，相关的社会事实也在不断地再生产。由此，本书呈现了技术、知识、设施、空间以及相关社会事实在生产与再生产中相互建构的过程。由这一过程可见，技术与社会的互构并不是自然而然地发生的，知识的合法性是在谈判和争议当中建立的，普适性与地方性的边界总是在协商当中被不断划定和建构。

4
环保组织参与废弃物治理

4.1 导言

2012 年，A 市成立了一个环保组织 EC。作为一个环保组织，环保和公益成了这个组织的新使命。组织积极参与到环境治理当中。

本章更为普遍地针对垃圾的环保行动。行动的轨迹循着两个维度展开：在组织形式的维度，走向组织化和制度化；在知识和话语的维度，环保、公益的话语逐渐生成。与此同时，环保的策略也重新制订。下文三个小节将会依次呈现组织化、环保话语生成以及策略重新制订的过程。通过这个故事，本章试图讨论环境组织如何积极参与到环境治理中。

4.2 环保组织的诞生

4.2.1 学习成立组织

2012 年的一天夜晚，十几名环保人士决定成立一个环保组织。

当时，他们的想法是模糊的，只是想，如果有一个组织，就可以继续参与有关垃圾的环保工作。几位成员辞去了自己原本的工作，成了组织的全职工作人员。一些成员自愿担任组织监事和理事的职务，尽管当时他们还不太了解一个组织监事和理事的具体职责。这些人也成了组织的第一批捐助者。他们一边开始创办环保组织，一边学习和了解环保组织是如何工作的。

这个叫作 EC 的组织最初的资源十分有限：小办公室租金低廉，位于市郊的一幢简易小楼里，楼下是汽车交易市场。由于是在顶层的边缘，房顶有一半是斜的，墙壁有裂缝。这座楼里的其他租户大多是制衣或印刷的小作坊。办公室里只有简单的几样二手家具，大多来自捐赠。最初有 3 名全职的工作人员，随后人员陆续扩充，达到 6 个人的规模。最初的薪资略低于 A 市的平均工资。成立之初，由于资金周转问题，有时无法按时发工资。最初的资金来自捐款、义卖，以及一小笔来自基金会的奖金。尽管如此简朴，在 2012 年 6 月，EC 还是注册成功，成了合法独立注册的环保组织。EC 的成立，标志着运动的组织化、人员的职业化、行动的常规化以及目标的理性化。

环保组织成立后，关注垃圾问题的环保者们得以以正当的身份持续参与 A 市垃圾治理的公共事务。作为正式注册的组织，EC 还能够合法接受实物和资金的捐助。如此，有了组织实体、有了接收资源的合法形式、有了全职的工作人员，就有了一个组织实体。正如组织最初的捐助者、理事之一解释为何要成立组织时所言："我就说一定要有组织，有了组织才能做事情……组织还要做项目……做项目组织才能存在下去……求生存谋发展。"伴随着组织的形成，运动的主体不再是一个松散的边界不明的群体。伴随着组织的分工，内部关系稳定化，决策方式也有了成文的正式规定。

组织化带来了人员的职业化和固定化。之前的反焚者，有人渐行渐远，不再参与；有人则以正式身份加入了组织，有了正式的头衔、固定的身份，以及常规的薪水。至此，经由组织的形成，参与垃圾治理的环境行动，成为一个正式的职业，被纳入社会体系，缴纳税款，也享受社会福利和劳动保障。

伴随着组织化，是行动的常规化。作为一个环保组织，EC开始学习和采纳一套通行的环保组织工作方法，例如"做项目"的工作形式。如此一来，参与垃圾治理的行动就变成了一个个可以重复、可以评估的项目。伴随着行动常规化的是行动目标的理性化和清晰的表达。此时作为环保组织，行动目标不再是简单地反对焚烧，或是不同参与者模糊不清又多元化的利益伸张。组织具有一整套对于其使命、愿景的清晰统一的表述（见4.3.3）。

当然，虽然松散的行动蜕变为一个目标明晰、结构完备的组织，但这并不意味着组织是一个毫无异质性的整体。成员们的性别以及社会身份是多元化的，他们对于垃圾的理解，对于组织目标和行动方法，都抱持着多元化的想法和主张。将组织作为一个整体来描述，并不意味着无视组织内部的复杂性和分歧。而是说，组织化、制度化的过程，恰恰是一个将多元化的成员整合起来，形成明确的表述、常规化行动方式和同一目标的过程。分歧有时候以异见者的离开或渐行渐远而终结，大多数时候则是在决策和话语确立的过程中完成的。限于研究主旨，下文将不再详细处理组织内部的多元性，而将EC作为一个整体来讨论。

4.2.2 机会窗口：民间组织开放注册

2011 年，广东省发起改革放宽民间组织登记注册门槛，发布一系列政策，包括简化手续、放宽条件、缩短注册登记审批时间、非政府组织独立注册而不再需要挂靠国家单位等。所有这些改革，都使得成立合法的民间组织变得更加容易。同年，省政府提出"民主环保"，邀请社会组织参与环保事务。2012 年开始，环保组织开始接二连三地成立注册。对于民间环保组织来说，可以通过注册获得合法身份，机会不容错过。如一位环保人士所言："这是一道门，既然打开了，就要抓紧机会。"

开放注册以来，各类社会组织纷纷成立，在当地，可以观察到一个新兴的公益领域正日渐形成。正在生成中的社会组织或民间组织，通常被宽泛地称为"公益组织"。不过，在机会窗口期，"公益"概念本身也是高度模糊的和可协商的，相关场域中充满了丰富的、相互竞争的定义和实践。国家积极参与社会组织的建构，试图通过支持和扶助、政策和资源的引导，来对"社会组织""公益"进行界定，例如，提供培训、资助，举办交流会，创办孵化基地等举措，试图将其界定为国家以外的公共服务的提供者，提供辅助、补充的工作，并且充满慈善、救助、爱心、善行的色彩。不过，对于部分社会组织的创办者来说，做公益组织的意义不仅于此。做公益还是他们试图进入公共领域、参与公共事务、扩展行动空间的一种途径。他们宣称自己的公益性，一方面，可以获得更多的来自公众的，包括资助者、志愿者、潜在参与者的支持；另一方面，他们拒绝一种单一的社工的形象，而强调自身行动的参与性与能动性。

环保组织 EC 就是在这样的背景下，在其他公益人士的鼓励和支持下抓住机会成立的。

4.2.3　闯出注册路

2012 年 6 月，EC 注册成功，成了一个合法的民办非企业。对于 EC 来说，这个过程并没有外界想象得那样困难。用他们自己的话说，条件并不算苛刻，也并未遭受到特别的阻碍。虽然前后花了几个月的时间，事后他们总是解释，这是因为自己在准备的过程中考虑不周，耽误了一些时间，比如，之前不了解注册时需要一个固定地址，直到申请递交了，才匆忙寻找一间办公室。

注册是一个探索的过程。例如，在哪里注册的问题——可能的选择是省级、市级或区级的民政局。经过多方探问，他们了解到，省市级民政局更难注册，区级则相对容易。而各个区的情况也存在差异，如果这个区已经有组织注册成功，那么过程将会更为顺利。经过多方打探，EC 最终注册成功，成为当地第一批独立注册的民间环保组织。

在注册成功后的一年里，EC 又开始研究申请免税资格和其他税务优惠，如税前抵扣资格。因为本地还没有民间组织试过，对于这些问题，即使是专业的会计也没有直接的经验。用 EC 成员的话说，"说这些（理论）是没用的，只能自己闯出来"。2013 年 6 月，EC 闯了出来，成为 A 市第一个具有免税资格的环保组织。和注册一样，这是一个反复摸索、试探，积累新经验的过程。作为最早注册成功和申请免税资格成功的环保组织，EC 成了专家。他们总结经验，撰写攻略，说明有哪些麻烦是可以避免的，有哪些技巧可以更为高效。EC 通过闯，把写在纸上的政策变成现实，推动了政策的施行，也推动了政府和社会对于民间环保组织的认知和接纳。

对于 EC 而言，成功注册的一个直接结果是运作成本上升。注册带来大量行政工作，需要处理、奔走，不得不分出人手和精力来处理。虽然 EC 的理事和顾问群体当中不乏专业人士，例如财会人士，会义务给 EC 提供支持。但是对于一个开始只有 3 个人的小组织来说，仍然需要付出不小的行政成本，尤其是，许多事务都没有旧例可循，需要尝试。

4.3　环保话语的生成：从"私利"到"公益"

推动环境保护、成立环保公益组织，看起来像是一个顺理成章的结果，实际上并非如此。反焚者反对垃圾焚烧，也不一定要以环保组织为载体，以环保主义的话语为旗帜。下文将会检视在这个环保组织化的过程当中，"公益"和"环保"的新话语是如何生成的。

4.3.1　自私的邻避运动

反焚人士在质询专家的同时，也不得不面对对方的挑战：第一，如果只是简单地反对焚烧厂，而没有提出任何替代性的、建设性的方案，那么每日大量产生的垃圾依然得不到处理，"垃圾围城"的困局也无法解决；第二，建立焚烧厂是为了处理本区域，包括他们自己产生的垃圾，即使焚烧厂不建在他们的社区附近，也会建在别的地方。"邻避运动"的一个显然的后果是，令人讨厌的设施，不建在"我家"后院，就可能会建在"你家""他家"后院。所以，他们反对垃圾处理设施修建，等于是要把自己的垃圾放在别人家附近处理，是一种"自私"。

面对这些质疑，反焚者 A 回应："其实焚烧厂会影响全 A 市的人……这是全 A 市人的事情……（因为）烟囱它里面冒出来的烟是会在大气里面扩散的"，此外，焚烧厂产生的是可持续性有机污染物颗粒，会在空气中悬浮，进入生态系统，"影响的不是周围一公里的人，是整个几百公里的人都会有影响的"（腾讯嘉宾访谈，2010）。从环境污染的角度，反焚者提出，垃圾焚烧厂制造的污染并不只是区域性的，最终影响的是所有市民。这就把眼光从社区转向了全市范围内的污染问题。

另外，"垃圾总是需要处理，简单反对一座垃圾焚烧厂，并不能解决垃圾问题"的质问，也在刺激着反焚者寻求垃圾处理的替代性解决方案。反焚者们成立了一个叫作"绿色家庭"的行动小组，在附近几个社区里面，挨家挨户上门收集可回收物和有害垃圾。他们向政府和公众承诺，愿意通过行动减少本社区的垃圾产量。通过此举，他们力图证明自己并不是"自私"的，并非不愿意为自己垃圾负责，只是想寻求更加环境友好的、可持续的垃圾处理之道。

事实上，这种上门收集和宣传的方式，对于片区几十万居民每日产生的海量垃圾而言，并不足以产生显著的效果。不过，通过这些行动，反焚者们从单纯地反对垃圾焚烧厂，逐渐发展出来一套更加完整的关于垃圾处理的设想。他们指出，直接把垃圾拿去焚烧，并不是处理垃圾唯一的方式，也不是最优的方式。更加环保的方式应该是首先减少产生，加上垃圾分类、资源化利用。在这些"前端减量"的基础上，最后不得不焚烧或者填埋的垃圾会大量减少。对于整个城市而言，是否需要建焚烧厂、建多少焚烧厂，都应该在这个基础上来讨论。而"绿色家庭"本身，也构成了日后成立的环保组织的一个雏形。

很大程度上，正是论战中你来我往的质询和辩论，使得反焚者不能只是简单地反对焚烧厂，他们也被推动着重新思考垃圾的问题，不断地建立和完善自己的立场。所以，可以说，辩论改变的不仅仅是修建焚烧厂的方案，反焚者本身也在被影响。双方在从博弈、辩论到对话、合作的过程中，也在相互塑造和改变。

此外，还有来自环保界的鼓励和引导。2011 年 6 月，反焚居民代表获得了中国第四届"SEE、TNC 生态奖"。这是一个来自本土环保基金会 SEE 的奖项，旨在表彰民间对环境保护和可持续发展做出贡献的个人和群体。全国性的大环保组织如"自然之友"，也开始和当地反焚者接触、交流。来自环保领域的推动，促使他们更多地从环境生态的角度理解垃圾问题。

反焚者对焚烧厂的认知也在发生转变。"邻避"，可以将不想要的项目从自家后院赶走。然而，自己拒绝的项目最终会落户在别人家的后院。为了阐述垃圾焚烧的风险和危害，他们收集有关焚烧技术的信息和世界各国垃圾处理的不同经验。在这个过程中，逐渐形成了一套有关垃圾焚烧技术的理解。至此，干预垃圾焚烧已经不是仅出于对私人利益的保护，而是基于对城市垃圾问题更为普遍性和公共性的考虑。

4.3.2 环保行动如何持续

以什么样的合法名义和身份持续参与垃圾治理，就成了一个关键的问题。在摸索道路的时候，"公益""环保组织"这样的概念变得越来越明晰可见。2010 年前后的 A 市，"公益"的概念开始传播，"环保"理念也流行起来。一批环保行动者逐渐涌现，针对不同议题进行环保社会行动，并且酝酿成立环保组织。2012 年广东省开放社会组织注册的政策施行，EC 并非个案，有一批环保组织——也是 A 市的第一批——先后注册成功。当时 A 市乃至整个中国，污染问题的显现、环保意识的升起、环保话语的流行、环保组织的兴起，都给他们带来了知识、信息，以及可供参考和效仿的例子。换句话说，这让他们了解"环保主义"是什么，以及作为一个环保组织应该如何工作，如何"像个环保组织那样"工作。

4.3.3 以"环保"之名——合法性地重建

那么，这个组织为何将自身界定为环保组织呢？对当事人而言，自组织成立之初，它作为环保组织的身份似乎是不言而喻的。事实上，正是在制度化的过程中，反焚者对垃圾及其处理设施的认知以及基于此认知的叙事不断形成，这种蜕变才得以实现：他们不再仅仅简单反对垃圾焚烧，而是试图推动一种更为环境友善、可持续的垃圾治理方案。成立环保组织一段时间后，他们这样表达自己的使命和愿景。

——使命：一个没有垃圾的未来（零废弃），一个全民环保的时代（绿公民），一个生态宜居的 A 市（靓 A 市）。

——愿景：我们倡导建立零废弃社区，连接政府、企业、社区的环保力量，建设公众参与环保平台，探索与实践解决"垃圾围城”的可持续之道。

至此，反焚的话语，被一种更具有全球性环保主义意味的"零废弃"替代。反对垃圾焚烧已经有了更进一步的原因：是为了减少垃圾焚烧带来的持久性有机污染物排放给 A 市的生态环境带来污染；也是为了推动垃圾的资源化和再利用，而不是简单地付之一炬。在这样的叙事当中，干预垃圾焚烧和环境保护目标（减少污染、可持续发展）的连接被建立起来了。

可以说，在进入环保领域之前，他们都不算真正意义上的环保主义者。当然，他们并不反对环保的价值观念，只是和一般民众一样，并不是忠实的环保主义信徒，不会特别去了解环保主义的理念，并且以此为生活和行为的指南。"搞环保"更多的是他们参与环境事务的一种进路，环保主义的信念，也是在行动的过程中逐渐形成的。策略性地"以环保之名"，他们的行动就有了更强的正当性和合法性，从而能为自己建构一个行动的空间。

当然，"以环保之名"并不是说这些组织只是假借环保之名，不真的关心环境。而是说，他们使用"生态"、"污染"和"环保"的叙事，来表述自己的主张，又以"做环保"的方式，来展开自己的活动。他们在行动的过程中逐渐深入了解和传播环保主义的理念和实践，逐渐成为环保者，或者说用其自己的话说——"绿公民"的。在这个过程中，环保的话语和权利的话语相互交织：一方面，环保的话语和叙事帮助表述和建构了他们的利益主张；另一方面，他们不断重新理解环境的含义、环境与人的关系，重新建构自己的环境认知与观念。

4.4 环保策略的重制

通过成立一个环保组织，环保者们的行动取得了合法性。那么，接下来的问题是，如何有效参与环境治理。对于 A 市市民来说，一座焚烧厂可能改变选址，但是阻止所有焚烧厂的修建，是几乎不可能的。主要原因有二：一是每天产生的垃圾需要处理，A 市现有的设施无法满足未来几年的需要，垃圾焚烧可以有效解决垃圾处理的问题；二是放在全国范围内来看，垃圾处理以焚烧作为主要技术，已经是大势所趋，各个大城市都在规划和兴建垃圾焚烧厂，大量的投资和技术涌入这个领域。

对此，环保者有一个形象的比喻：垃圾焚烧厂，就像一辆迎面驶来的大车，一个人要怎么做才能阻挡这辆大车呢？一种可行的方案是，不断地在这辆大车前面的道路上摆砖，逐步改变它的路径。对于这辆大车来说，调整并不大，是可以接受的。这种方案显然更可持续，这是一种顺势而为的行动，即顺应当时的情势、趋势，在最合适的时机做出相应的举动。

B 坦言在思考如何继续有效干预垃圾治理的时候，古代的兵法思想给了他很多灵感。在兵法中，"以小搏大""以弱胜强""以柔克刚""暗渡陈仓"是可能的，关键在于运用智谋巧妙地制订策略。这些策略思想所强调的是，在力量悬殊的时候，要采用间接的、巧妙的手段取胜。这样的行动与 Scott（1985）所描述的东南亚小农所使用的那些灵活的、日常化的、小规模的"弱者的武器"类似。而不同之处在于，这种思想以取胜为明确目的，且更强调策略和战术的应用。这就更像 Ganz（2005）所言的"策略的行动"。策略的关键在于重新组织、整合、编排现有的资料、问题、资源，以寻找解决方案。B 和他的同事们，正是如此通过策略性的计划，努力尝试为垃圾焚烧厂这座疾驰而来的大车调整方向，与此同时，积极参与持续性的垃圾治理。

4.4.1 演进：从反焚到分类

EC 成立后，其工作内容为针对垃圾本身的一系列环保运动，最主要的就是推动垃圾分类，宣传减少垃圾的生活和消费方式。环保者相信，只有垃圾分类，才可能实现垃圾的"3R"（即再用 Reuse、减量 Reduce、循环利用 Recycle）。

事实上，作为垃圾治理的不同环节，垃圾分类与垃圾焚烧是相互影响、密切相关的。对于环保者而言，推动垃圾分类正是反对垃圾焚烧的合理延伸。在 A 市的计划里，将会兴建 7 座垃圾焚烧厂。直接反对所有的焚烧厂是不现实的。不过，如果能够证明 A 市实际上不需要 7 座焚烧厂，就有可能减少焚烧厂的修建。那么，如何证明这么多焚烧厂不是必需的呢？首先需要证明在规划中，对于垃圾总量的计算和预估并不准确。这 7 座焚烧厂的规划，是根据 A 市现有的垃圾产量，以及估计的增幅决定的，预计垃圾的产量会随着 GDP 的增长而增长。2011 年，A 市垃圾日产量约为 18000 吨，根据过去十年的数据推算，年增幅为 3% ~ 5%，2015 年，A 市产生的垃圾会达到每天 27000 吨（全，2012）。结合当时垃圾填埋场的预期寿命，制定了 7 座垃圾焚烧厂的规划。

反焚人士 A 指出，这个计算远远高估了需要焚烧的垃圾总量，原因有二：一是并非所有的垃圾都应该焚烧，如厨余或者有机垃圾、可回收物、有害垃圾，都不适合焚烧处理，如果推行垃圾分类，把不适合焚烧的垃圾拿出来，那么最后需要焚烧的垃圾总量必将锐减；二是通过宣传教育，加上法律和政策的制订，民众执行垃圾分类，那么垃圾产量并不一定随着经济的增长而增加。所以，如果进行垃圾分类，就不需要这么多焚烧厂。一个例子来自中国台湾，台湾在未进行垃圾分类前规划的焚烧厂，推行分类后，没有足够的垃圾可烧，空转造成巨大的资源浪费。

环保者认为，如果只是一味直接反对所有的焚烧厂，这样就失去了对话和协商的基础。而推行垃圾分类，就不再是简单的反对，而是建设性、合作性的。而且，推动垃圾分类，更符合组织环保和公益的身份。如果 A 市真的开始分类垃圾，那就证明垃圾能够减量，至少可以减少一部分垃圾焚烧。

环保者批评垃圾混烧是不环保的处理方式，指出有两大明显的危害：把可回收物烧掉是资源浪费；可能产生有毒有害的排放物，造成环境污染。市政府也同样认同垃圾分类的主张，希望引入更为环保的垃圾治理方式。2012 年，A 市开始对垃圾分类展开新一轮的试验。有关 A 市垃圾分类的故事，将会在随后的章节当中继续讨论。

4.4.2　连横：结合多元力量

在将目光从家门口的焚烧厂转向垃圾绿色治理的过程中，EC 和本省乃至全国范围内的环保者建立了联系。2011 年底，中国零废弃联盟成立，这个联盟包括全国几个以垃圾治理为议题的环保组织，还有一些关注垃圾问题的个人，包括曾经的反焚人士、环境工程师、循环经济学者，以及以垃圾为创作题材的文艺工作者。顾名思义，零废弃联盟致力于推动废弃物的减量，其愿景是零垃圾的社会。作为联盟，他们定期召开网络会议，互相通报全国各地的情况。例如，零废弃联盟协作开展的一项行动是，分别向全国各地的环保局申请当地的垃圾焚烧厂的信息，再把所有 300 多座焚烧厂信息汇合起来，形成一个数据库。

除了垃圾议题的环保组织，EC 还和其他各种环保组织建立了广泛关系，如作为一个全国性环保组织联盟"倡导网络联盟"的成员，每年参加联盟的互访和培训。2012 年，EC 和 A 市的其他环保组织联合发起了"A 市环保联盟"。在环保组织领域内部，EC 还申请环保基金会的项目和资金，参加培训，以及和其他组织交换与环保有关的知识、信息和资源。通过各种正式和非正式的交流，EC 学习一个环保组织应有的工作方式。EC 也会向其他的组织分享有关垃圾的环保理念和知识，给他们提供有关垃圾的环境教育材料。

4.4.3 合纵：引入替代性技术

除了联合环保的力量，EC 还积极联络垃圾处理企业，包括资源循环再生企业以及垃圾处理设备厂商，如生产厨余垃圾处理机的公司、废旧电池处理厂。他们主动联络这些企业，通过访谈和调查，学习这些企业所使用的垃圾处理技术的知识，了解这些技术的发展、企业的处境和情况。有时候，EC 还会向某种技术的专业人士或者企业主动提及其他技术，询问他们对于其他技术、企业的评价。在这种相互评价中，进一步获知不同技术的特点、优势和劣势。从不同的企业得到信息，再把这些信息综合，拼成完整的图景，最终 EC 对于当地垃圾处理企业和技术的了解就十分全面，构成了独有的知识库，堪称常民专家。

在对企业的调查中，信息的流动不是单向的。一方面，EC 会向企业介绍其他的技术和企业，介绍技术专家和研究机构，甚至介绍企业之间互相认识。此外，由于长久以来和城管委建立的关系，EC 熟悉现行的和即将施行的政策，他们会向企业介绍这些政策。另一方面，EC 也尝试从企业那里了解他们的需要和障碍，并且将其总结为政策建议，适时地向媒体发布或直接反馈给政府。

EC 对企业的支持有两个方面：一方面是提供信息，促成行业联合；另一方面是呼吁一个更为有利的政策和法律环境。这些行动也与 EC 推动更为环保的垃圾治理的目标不谋而合。对于这些企业来说，垃圾就是原材料，它们越是能够合法、低成本拿到垃圾，就越是能够盈利。越是有利可图，这些企业就越有可能发展壮大，这个领域也就越有可能吸引新的企业加入。而更多企业加入，就更有可能促进更加多元化的、环保的垃圾处理方案发展。

通过利用企业和技术的竞争，EC 为自己找到了强有力的盟友，让其他企业去争夺焚烧厂的垃圾，促进垃圾的多元化处理。一些垃圾处理企业也非常认同 EC 的理念。当地最大的环保企业之一的老板如此形容自己和 EC 的关系："我们是两棵并肩站立的树，表面上看起来有距离，实际上根在底下连在一起呢。"

EC 还不遗余力地推动本地的厨余垃圾处理技术发展。根据 EC 的理解，厨余的分类和处理是垃圾环保治理的关键所在。

根据 EC 等废弃物环保组织的认识，厨余是垃圾污染的首要因素。首先，厨余作为有机物会腐坏变质，影响环境卫生，释放气味、渗滤液①；其次，厨余里面的物质，如酸性物质，可能和垃圾中的其他物质发生反应，加速有毒物质的释放；最后，厨余垃圾里面含有盐分，而盐含氯，氯则是垃圾焚烧过程中合成二噁英的元素。所以，要想以更加环保的方式治理垃圾，厨余垃圾的处理是最关键的。

此外，根据环保组织的理解，如果能够建立一套有效的厨余垃圾处理方案，垃圾处理的压力将得到极大地缓解。如前所述，厨余垃圾占 A 市垃圾总量的一半以上，如果这些垃圾可以被分开处理，那么垃圾总量将会大大减少。在所有的垃圾当中，除了厨余垃圾，剩下的还有少量的有害垃圾和可回收物。由于我国废品回收再造系统相对比较发达，已经有相当数量的可回收物被回收，还需要的是对这个系统进行调控和补充，以确保可回收物被更加全面、安全地回收。而有毒有害垃圾容易造成严重的污染，对它们进行特殊处理势在必行。因此，厨余处理是垃圾分类处理体系建立的关键一步。

作为工作重点，EC 积极联系厨余处理技术专家和研究机构。目前 A 市的厨余处理技术主要包括堆肥以及生物处理技术②。而堆肥又包括大规模的厨余生产线和小型的家用厨余处理设备。EC 调查不同技术的优势、短处和政策环境，并且把这些信息综合起来，

---

① 垃圾的渗滤液是指垃圾当中的成分在放置一段时间后，经过化合作用，产生的液体。

② 这种处理技术的原理是利用厨余养殖生物，然后再把生物加工成产品，如鱼饲料。目前 A 市正在研发的技术包括蚯蚓和黑水虻两种生物。

拼成完整的信息图。他们和大小企业积极关系，还介绍这些企业相互认识，试图推动企业行会的成立。

总之，EC 扮演了两种角色：第一，"穿针引线"，和不同的企业、研究机构、专家建立关系，介绍他们相互认识，编织一个关系和信息的网络；第二，把自己建构为一种本地的常民专家。他们作为常民，不具有科学家或者工程师的专业性，但是通过调查和学习，他们不但掌握各种信息，还把这些信息整合起来，通过观察比较、多方询问，建立一套系统性的、对当地垃圾处理技术的综合的知识。这种知识不同于学院中的科学技术知识——除了有对技术本身的了解，还有对技术所处的经济、政策环境的掌握，以及对技术在当地适用性的丰富理解。

4.5　小结与分析

有研究者（Michaud et al.，2008）指出邻避与环保的不同：邻避指公开反对某个特定设施的本地反对行动，而环保是一种更加普遍的环保主义地理解自然和人的关系的态度。本章追溯说明二者虽有区别，但是可能相互转化。

一方面，成立一个环保组织是探索和实践的结果。走向更为普遍的环保行动，其驱动力首先来自一种邻避的道德困境。邻避并不能解决"垃圾围城"问题本身。大家的垃圾设施，如果不建在"我家"后院，很可能就要建在"别人家"后院。因此，拒绝焚烧厂建在自家后院，虽然是正当的，但是一旦进入公共讨论，被至于道德范畴进行考量，仍无法摆脱"自私"的指控。

当然，邻避的道德困境本身并不足以支持环保组织继续前行。成立环保组织的外部驱动力和条件还包括来自媒体、学界的持续支持和赞誉，来自环保领域的鼓励和引导，政府对社会组织的一系列放开的政策。最后一点尤为重要，环境治理的转型，给环保组织重新界定自身，以合法身份参与环境治理提供了机会和条件。

另一方面，环保组织得以成立的主观条件是参与者的知识和认知的准备。在行动中，他们逐渐具备了充分的知识和话语资源，包括：在和专家对话过程中成形的一套对垃圾焚烧技术的认知和叙事；在全球环保理念传播背景下，对于"环保""公益"话语的掌握；以及在协商、博弈过程当中获得的一套经验。这些认知和经验，加上此前的组织遗产，都成为重要资源，被再组织进入新的环保组织的行动框架当中。

环保组织的成立不仅是形式的变化。与制度化、常规化并行的是行动内核的变迁。更具体地说，行动目标、行动方法、对自身的表述、对垃圾议题的论述，以及论述所采用的话语和所依据的理论，都已经演进。以环保组织为身份，努力扩大同盟，一方面，广泛地联合全国的环保力量；另一方面，推动本地其他垃圾处理企业和竞争性技术，通过推动垃圾分类，持续参与垃圾治理。

综观 A 市环保者针对垃圾治理的参与轨迹，有两点值得进一步探讨。

第一，"环保主义"的话语表述，是逐渐生成的。这丰富了人类学对环保主义本身的理解。既有人类学理论将"环保主义"理解为一套全球性的环境知识。首先，环保主义作为一种自然叙事，是诸多自然观当中的一种，这种环境知识和叙事，总是和当地文化相互交织、相互建构（Haraway，1989；Douglas，1996；Milton，1996）。其次，环保主义是一种全球性的话语，随着全球化在不同的地方流动。它不是均一的、无差别的，在全球不同的地方、空间、层次，环保主义都有着不同的诠释、展开、再界定及实践（Milton，1993；Weller，2006；Hathaway，2013）。而环保主义的论述也不必然走向"环境友善"的行动。如陈信行（2009）指出，随着我国台湾地区环境运动主流化，知识与实践的矛盾也凸显出来，虽然环保主义的话语大众化、主流化，环境论述无处不在，但是面临重大环境争议，生态环境往往还是被牺牲的。本书既印证又丰富了上述对于环保主义的理解。本案例中生成的环保主义，一方面来自全球化提供的知识和话语资源；另一方面和当地的社会情境高度相关，是对当地社会问题的回应。所以，环保主义既是全球性的，又是地方性的。此外，这种环保主义话语与知识的生产，是抗辩过程中认知累积的结果，亦是当时社会处境下策略性的选择。这显示了，环保主义不是普适的，尤其是，环保意识并不是一种自然而然形成的认知，而是在后天的社会语境当中形成的。

第二，环保组织经历了一系列道路的探索，最终走向制度化参与协助国家环境治理的运动。其主张亦被吸纳，导致倡导议题的主流化。这个转变的发生和环境治理转型密不可分。通过放宽注册限制，国家邀请社会组织共同参与社会的治理。这个转型也发生在绿色治理领域（Ho，2001；Mol and Carter，2006）。这促成了环保组织参与环境治理。针对垃圾的环保行动通过组织化制度化得以存续。

本章对于环保组织成立过程的分析说明了这不是一个简单的

单线过程。细看 EC 的蓝图，会发现他们致力于推动更为环境友善的垃圾治理方案，这一目标并没有改变。但是其组织形式、行动和表述都发生了演进。他们通过一系列策略的重制，持续参与环境治理。这一过程充分展示了环保者的能动性。垃圾环保的理念不断被社会吸纳，环保者也在不断地生产新的知识。在社会接受垃圾分类、环境友好的垃圾治理观念的同时，反焚者又抛出"零废弃""焚烧替代技术"等更新的环保观念，以及垃圾处理技术多元化的新主张。在这个过程中，环保组织还联结企业、其他环保组织，并化身常民专家，将新理念不断扩散。所以说，这是一个辩证性的过程：新生成的话语被部分地吸收，新的话语和知识又被引入和生产，也不断改善着治理本身。

5

垃圾分类的人民战争

5.1 导言

几乎所有中国城市的街头，都可以看到这样的场景：两个成对的垃圾桶摆在一起——无论什么样的颜色、造型。这是分类垃圾桶，意味着垃圾中的"可回收物"和"其他垃圾"应该被分别丢弃。但是两个桶里的垃圾是同样的——混合着食物残渣、包装物、废纸、树叶、烟蒂以及其他各种垃圾。这个场景的怪异之处在于，虽然所有的公共空间永远设置有两个垃圾桶，但是几乎从来没有人按照其设计意图使用这些垃圾桶。而且，这个现象是如此常见，以至于所有的人都已经对这样的情况习以为常、见怪不怪了。那么，这两个随处可见又沦为摆设、很少被按照设计意图使用的垃圾桶，究竟在告诉我们什么社会事实？

实际上，从 20 世纪 90 年代开始，政府就开始倡导居民进行垃圾分类，以便于后续的分类收集和处理。不同地区的城乡都出现了这种成对出现的分类垃圾桶，不过，这仅止于倡导和垃圾桶的设置，执行效果有限。直到近几年，各地才开始推动垃圾分类。

2012 年开始，A 市开始大力推动垃圾分类。如前文所述，面对海量垃圾带来的"垃圾围城"问题，填埋场纷纷告急。垃圾分类是城市垃圾增长和反焚带来的一个共同结果。实际上，垃圾分类与垃圾焚烧密切相关。未经分类的垃圾直接进入焚烧厂存在诸多隐患。焚烧厂可能产生有毒害物质的污染，尤其是，未经分类的混合垃圾因为含有大量厨余垃圾，含水量太大，不易燃烧，更容易产生污染物二噁英。将所有垃圾付之一炬，而不是充分回收其中可以资源化的物质，也是一种浪费。通过分类，含水的厨余垃圾被提前分离出来，不会进入焚烧厂，这使得垃圾焚烧更为安全。一方面，推动垃圾分类代表着政府以环保的方式处理垃圾的努力；另一方面，垃圾分类也是环保组织持续参与解决城市垃圾问题的一条路径。垃圾分类由此成为共识，构成了汇聚各方努力的一个领域。这场被市长称为"垃圾分类的人民战争"卷入大量的人力和物力。

下文将首先介绍垃圾分类计划，然后描绘这些政策是如何展开的。随后，检视环保组织是如何在社区层面推动垃圾分类的。这个部分的视角将会更加微观，会提供一个环保组织推动社区进行垃圾分类的案例，并分析各方行动者——普通市民、白领、清洁工以及环保者是如何参与到这场人民战争中的。

5.2 A 市的垃圾分类行动

2013 年夏天，一场 3000 人参加的盛大会议在 A 市召开。会议开始前，会场周边的马路被人潮和车流围得水泄不通，参会者凭票入场，进入指定的座位就座。这是由市政府举办的"A市生活垃圾分类处理总结暨再动员大会"。根据市政府的说法，A市全面展开垃圾分类运动已经有一年时间①。这个会议的目的在于总结一年以来的经验和教训，同时动员全市各个层级的政府部门和单位继续推进垃圾分类。大会的发言人包括市长、副市长、城管委主任和区级领导代表。3000名参与者当中，包括A市各级政府各部门单位的领导，如各区区长、基层政府工作人员、教育界人士、垃圾处理企业、环保企业以及当地重要企业代表，还有A市的各大媒体。当然，环保组织也在受邀参会者之列。市长在发言中说"能开这么大的会议，也只有垃圾的问题了"。副市长接着说，要"破解'垃圾围城'危机，走新型城市化发展道路……（要）全民动员"。在不同的工作报告、动员之后，市长热情地鼓励大家，要"打一场垃圾分类的人民战争"。3000人的掌声像潮水一般响起。

为什么垃圾分类工作如此被重视？垃圾处理迫在眉睫。做垃圾分类，首先是希望通过分类让垃圾减量②，从而部分缓解垃圾处理的压力。A市也尝试通过垃圾分类，建立一套环保的垃

---

① 如本章导言中提到的，事实上政府倡导垃圾分类并不是从2012年才开始的，从20世纪90年代起，A市政府就开始提倡垃圾分类，从2012年起算的是目前这一场垃圾分类运动，用政府官员的话说，这一次是"真的"，意指和以往相比，这一次政府投入了前所未有的力量。

② 为什么垃圾分类可以让垃圾减量，在第三章中已经述及。通过分类，可以把垃圾中的可回收物以及其他可资源化的物质分离出来，从而减少需要被终端设施处理的垃圾总量。

圾管理系统。在总结大会上，市领导直言，垃圾分类是"城市文明进步的表现"，要让垃圾分类成为"A市城市文明新内涵"。

为了让焚烧厂得以顺利建设和运行，市政府也承诺对垃圾做出更加积极的管理，其原因有两点。第一，焚烧混合垃圾不安全，更加容易产生有毒有害的污染物质，如二噁英——这也是反焚者反对垃圾焚烧最主要的原因。焚烧成分单纯的垃圾可以减少污染。一些采用垃圾焚烧的城市如东京、台北，垃圾焚烧都基于彻底和完善的垃圾分类。第二，如果只是把垃圾送进焚化炉一烧了之，不再努力减少垃圾的产生、推动垃圾的资源化，那么就与"环保""可持续发展"等垃圾管理的理念背道而驰。市政府试图建立一整套环保的垃圾管理系统，垃圾焚烧是这个系统的一部分，垃圾分类也是这个系统的一个部分。

5.2.1 垃圾分类是什么

本小节首先回答什么是垃圾分类。更具体地说，一方面，作为垃圾管理，它的知识和实践是什么；另一方面，它的文化意涵是什么。

垃圾分类是指将垃圾按照某种分类标准，分别存储、丢弃，处理者将不同类别的垃圾分门别类运输、处理的一套实践，最终目的在于使垃圾中的不同物质以不同的方式处理、流向不同的目的地。我把垃圾分类的实践作为一种文化来理解。第一，垃圾分类是一种现代的实践。在前现代社会当中，固体废弃物从未像现代社会中那样大量产生、成分复杂，也就不需要被大规模集中处理。现代社会对如此大量的垃圾进行管理，包括收集、运输和处理，以确保其被有效消除。和其他的现代实践一样，垃圾分类的理念和做法也是全球性传播的①。第二，虽然垃圾分类是一个全球性的环保运动，但也是一种地方性的实践，并没有一个统一的、固定的分类方法，它是人为界定的。不同地方对垃圾的定义不同、垃圾中间的物质成分不同、采用的垃圾处理技术不同，基于此，垃圾可以被分成哪几类、各种物质属于哪种类别，均有不同的设置。第三，垃圾分类属于现代的垃圾管理系统的一个环节，和其他的环节尤其是处理技术是相互配套的。也就是说，一个城市所采取的垃圾处理技术，决定了垃圾分类的系统设计。另一方面，垃圾分类的方式、效果，也决定了处理技术将如何被使用、何种技术值得发展。第四，垃圾分类通常被赋予环保的价值。环保主义者相信，垃圾分类把垃圾当中的不同物质分别处理，最终有利于垃圾的减量、污染的减少以及资源的节约。

在施行垃圾分类的城市，每个地方的分类系统也是不同的。A市的垃圾分类系统由城管委设计。按照国家《城市垃圾分类标准》（GB/T19095－2003），把垃圾分为四大类，每种类别对应一种颜色的垃圾桶，配以特别规定的图像标志，分别是可回收物（绿色）、厨余垃圾/餐厨垃圾（蓝色）、有害垃圾（红色）、其他垃圾（灰色）。其中可回收物是指垃圾中可以被回收再造的物质，称之为"物"而不是"垃圾"，是因为被分出来后，它们就不是垃圾，

---

① 这并不是说，在现代的垃圾分类之前，人们没有把废弃物分类处理的习惯。而是说，和大规模的、集约化的垃圾处理系统配套的垃圾分类是一个现代的、全球化传播的实践。

而是原料。厨余垃圾/餐厨垃圾①，也就是有机垃圾。顾名思义，是指厨房或者餐桌上的剩余物，包括剩菜剩饭，或者食物原材料中被弃置的部分。因为含有水分，也叫"湿垃圾"。有害垃圾是指会产生或者释放有毒有害物质的垃圾。以上三类之外，就是其他垃圾。

为了把抽象的垃圾分类变得容易操作，市政府编写了三句口诀："干湿要分开，能卖拿去卖，有害单独放"。三句话被广泛传播，标语随处可见。"干湿要分开"，是用更加形象的"湿垃圾"替代相对书面的用语"厨余垃圾"，提醒市民干的和湿的要分开。对于如何区分"可回收物"，这个口号提供了一个简单的方法："能卖的"就是可回收物。这是因为中国有着相对发达的废品回收市场和再造产业。"有害单独放"，是建议家庭把有害垃圾单独存放。

本市还出版了各式各样的图鉴，详细说明生活中各种常见物品所属的类别，各种物品都有配图，包括那些容易令人疑惑的物品，如卫生纸，都被标示出来，以供人们随时检索查阅。

在这个系统中，不同类别的垃圾会通过不同的途径收集、运输，流向不同的终端、不同的处理设施，系统如图 5-1。

---

① 原先的"厨余垃圾"是指家庭所产生的有机垃圾，改称为"餐厨垃圾"，意思是把餐饮业和其他商业场所（如菜市场）中产生的有机垃圾也包括进来。这个改革不仅是名称的改革，它意味着政府对于处理有机垃圾系统设计思路的转变。以前家庭有机垃圾和餐饮业的有机垃圾分别有不同的处理路径，而在新的设计中，两者会被统一管理。然而这只是设想，实际上难以实现。因为现实中餐饮业的有机垃圾已经有一个成熟而且利润丰厚的回收系统，臭名昭著的"地沟油"就是这个系统的一部分。所以，虽然已经改革，实际上人们还是会混用两个名称，或者继续使用"厨余垃圾"这个词。

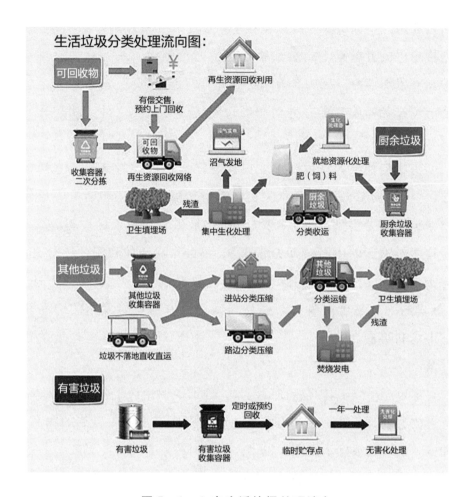

图 5 - 1 A 市生活垃圾处理流向

资料来源：A 市城管委门户网。

图 5 - 1 所设计的垃圾处理系统：可回收物经过有偿收购，最终进入再生资源回收部门；厨余垃圾经过生化处理，变成沼气或肥料；其他垃圾经过中转站压缩，最终进入填埋场或焚烧厂；有害垃圾经过临时储存每年被特殊的厂家处理一次。

从图 5 - 1 可见，垃圾分类是更大的垃圾管理系统的第一个环节，基于这个环节，每种被分出来的垃圾，都对应着不同的去向，看起来都相当清晰。不过，这仅仅是一个理想化的设计，在现实中尚无法实现。在理想的设计当中，可回收物会被资源化，也就是重新回到工厂成为原材料。但是，在现实中，一些价值高的可回收物本来就有成熟的收购和流通系统。这个非正式经济系统并非有意设计，却非常发达，处于有效的运作状态。但是市场价值过低或者回收成本过高的可回收物，它们会和其他垃圾一样进入填埋或者焚烧流程。同样的，在理想的设计当中，被分出来的厨余垃圾，可以用于喂猪、堆肥或厌氧发酵生产沼气。现实中，这些技术的成熟度、产业化程度各不相同。家庭厨余垃圾可以被有效处理的比例不高。对于有害垃圾，在设计中，城管委会把收集到的这些有害垃圾存储在他们专门建立的存储点，积累到一定数量，每年送往相应的厂家处理。现实中，很多有毒有害物品还没有厂家可以处理，或者处理成本过高、未形成产业，结果是这些有害垃圾或者混入其他垃圾处理，或者被堆放在仓库里无限期搁置，等待将来有技术和厂家可以接收。最后，在理想的设计中，其他垃圾，也就是不能再利用或者循环、只能消除的物质，其处理终端是填埋或者焚烧发电。实际上，只要垃圾没有被分类，终端设施就并不只是处理其他垃圾。所有没有被分出来的垃圾都会送往终端设施，因为它是垃圾的最后一站。

5.2.2　垃圾分类的施行

设施的更新

A市的垃圾分类首先从基础设施更新开始。除了焚烧厂终端的兴建，还对三种设施进行大规模更换。①分类垃圾桶。居民住宅区的垃圾桶从两个变成了四个，采用标准化的红、蓝、灰、绿四个桶，配有更加清楚和标准化的标志。有些社区的四个桶大小不一——这种巧妙设计实际上非常用心，不但解决了每种垃圾产量不同的问题，也考虑到夜晚居民看不见颜色，这样就可以通过大小来辨别。这些桶不仅有盛放分类垃圾的实用功能，它们出现在公共空间，本身还有宣传的作用，提醒人们分类运动正在进行。另外，对于桶的规范化、标准化、统一设计，说明一套新的国家标准的管理系统正在运行，宣告国家权力进一步进入微观的垃圾丢弃实践。②垃圾运输车。旧的运输混合垃圾的车辆更换为分类运输车。尤其是为了潮湿的厨余垃圾，专门采购了特殊设计的全封闭厨余垃圾车。③垃圾中转站。改造后的垃圾中转站可以分类储存和初步处理垃圾。

宣传教育

宣传教育是这场分类运动最重要的一个社会动员方法。有关垃圾分类的信息遍布媒体和公共空间。电视新闻和报纸上持续出现有关垃圾分类不同角度的报道。街头巷尾，呼吁垃圾分类的标语随处可见。路边宣传栏、墙壁、地铁灯箱都可以见到垃圾分类的海报。另外还有动态视频在公共空间滚动播放。公共汽车的车载电视上播放着做垃圾分类"幸福的一家"短片；视频网站上推出《垃圾分类，大城小爱》的宣传电影；明星和名人们作为形象大使，热切呼吁民众进行垃圾分类。宣传还直达住宅区内。在一些社区，街道把海报贴进住宅楼里，有的还会挨家挨户敲门发送传单。宣传教育的内容还以文艺形式传播。除了顺口溜、歌谣，垃圾分类的歌曲也应运而生，其中有普通话的也有当地方言的。大多数传唱者是在课堂上被教唱的学童。

和宣传密不可分的是教育，最常见的内容包括：把垃圾分类和文明、道德、素质联系起来，呼吁市民实践文明的行为；把垃圾分类和城市的清洁卫生联系起来，例如口号"垃圾分一分，A 市美十分"；更进一步的宣教强调垃圾分类是环保的行为。还有关于如何分类的知识教学。例如，政府的科普教育中心设计和制作了一系列宣传品，包括垃圾分类扑克牌、卡片、积木玩具，以及在线电子游戏。在垃圾分类的宣传教育中，强调"小手拉大手"，即通过学校教育，培育孩童的垃圾分类习惯，并期待孩童将这些观念和做法传递给家长。

任务和指标：层层下达

在政府内部，垃圾分类的工作采取自上而下[①]、层层下达任务的方法。指标层层下达是一种典型的政府工作方法（Huang，1998；Greenhalgh，2008）。"任务"不是抽象的笼统的目标，而是被分解的数个数据化的具体指标，例如：需要有 X% 的社区内 X% 的居民进行垃圾分类，市民对垃圾分类准确率达到 X%，垃圾减量达到 X%，分出纯净的厨余垃圾 X 桶。

以往研究指出，地方干部不会仅仅被动地执行指标任务，事实上，指标有一个可协商的空间和缓冲的余地，在其实践中可能被重新诠释（Huang，1998）。A 市的情况也是如此，在实际工作中，基层工作人员也会强调任务的难度，要求获得更多的支持。而任务的制定者也会考虑基层的需求，去协商一个可行的任务目标。城管委

① A 市的行政层次为市—区—街道—居委会（名义上，居委会是居民自治机构。实际上，居委会隶属于基层政府），每个层级都有相应的政府机构。专门负责垃圾管理的政府部门是城管委（市一级），城管委在区和街道还有更低的层级，包括各区的城管局和各个街道的城管科（街道级）。

主管垃圾分类的负责人 C 解释："目标不能定得太高，如果太高，跳起来都够不上，下面就没有人愿意做了，积极性都被打击了。一个目标如果踮起脚，努努力够得上，就可能实现。"

和任务匹配的是相应的奖惩措施。以一种方法为例：施行垃圾分类之前，政府本来就会给各区政府补贴垃圾处理经费，各区政府会用这个经费支付实际上的垃圾处理费用。经费的多少，根据街道需要支付的垃圾处理费用计算，总费用 = X 元/吨 × 吨数。改革后，市政府根据预期的一定量（当时定为 1000 吨）给各区政府经费。如果这个街道成功地减少了垃圾，例如只产生 900 吨的垃圾，市政府还是按照 1000 吨补贴。这样，区政府得到的经费，减去实际上用的经费，结余就成了一种奖金。相反，如果这个区产生的垃圾超过 1000 吨，市政府不但不会再补贴更多的经费，还会对超量的部分收取更多的费用，例如 1000 ~ 1500 吨，收取 1.2 倍的处理费，1500 ~ 2000 吨，收取 1.5 倍，实际上就变成了一种惩罚。这就构成了垃圾减量的有效驱动力。

经济之外，还有荣誉上的激励，包括会议上的表扬、树立典型标兵等荣誉嘉奖。在更具体的每项任务上，各个行政区域的表现，会构成一个排名，没有一个区或街道希望自己是落后的，如果工作效果出色，能够被树立为典型、模范、标兵，是一种激励。

改革（1）：垃圾收集方法

为了配合垃圾分类，A 市政府对于垃圾的收集方法进行试点改革。从垃圾管理的角度来看，这是垃圾如何收运的问题，从居民的角度来看，就是"垃圾怎么倒"的问题。在检视这项改革之前，首先来了解历史上 A 市是如何收集垃圾的。20 世纪 80 年代，公共空间设有垃圾池，只有一个水泥围起来的槽，每家每户就把垃圾倾倒在这个露天的池里面，垃圾被铲车铲进垃圾车里运输。后来这些露天的垃圾池被改造为 100kg 容量的垃圾桶，这种垃圾桶虽然比垃圾池相对卫生，但是桶周边仍然十分脏乱。20 世纪 90 年代，集中的垃圾桶改为上门收集，居民把垃圾装进垃圾袋，等待上门的清洁工人拿走，或者听到摇铃的通知，把垃圾送上清洁车。一些老旧的社区沿用上门收集的模式至今。这对于在高楼层居住的高龄老人而言，是十分便利的。随着高层社区的发展，部分地区开始采取"楼道设桶"的办法，大垃圾桶被放在每层的楼道，清洁工人上楼收集。

为了推行垃圾分类，A 市挑选了一些地方试点，试验几种新的垃圾收集方法：一种是"定点设桶"，即撤掉其他地方的垃圾桶，只在社区固定的几个地点集中设桶。这样，居民扔垃圾的时候，有人可以监督和指导分类，邻里之间也可以互相监督。不过这样就把本来相对方便的扔垃圾方式（扔在楼道或者等人上门收集）变得麻烦。比这种方式更麻烦的是"定时定点"模式，不仅扔垃圾的地点被固定在有限的几个地方，连能够扔垃圾的时间也是固定的。在非扔垃圾时段，垃圾桶可能是锁上的。这样就可以更加有效集中地对扔垃圾的居民进行监督。比"定时定点"更进一步的是"直收直运"，模仿台北的"垃圾不落地"，就是彻底取消社区里的垃圾桶，直接由垃圾车在固定的时间来到社区附近收取垃圾，过后就离开。这样更有利于集中检查居民是否分类，甚至可以拒收未分类的垃圾，但是也会把生活变得更加麻烦，因而推行面临更大的阻力。

改革（2）：垃圾收费方法

一般相信，经济是一个可有效调节民众行为的杠杆，如果对垃圾按量收费，居民就会自觉地把垃圾减量。A市的这一试点改革参考了台北经验。在台北，对"其他垃圾"按量收费，而对可回收物和厨余垃圾不收费。通过这种方式，激励居民把可回收物和厨余垃圾从其他垃圾当中分出来。A市试图学习这一方法，但是对于如何计费尚无最佳方案。台北采用"随袋征收"的方法，即规定居民必须使用政府所提供的垃圾袋，袋子按容量售卖，价钱包括垃圾处理费。为了节约开支，居民就会节省对垃圾袋的使用，尽量减少其他垃圾。在A市这一方法未必可行。A市空间范围大而复杂，周边有城乡接合部和农村，很可能出现的　种情况是，为了避免缴费，居民把垃圾转移到其他地方丢弃。另外周边制造业发达，制假成本不高，一旦开始随袋征收，可能会有假袋混入市场。

最重要的是，计量收费收取的费用将会大大高于目前的垃圾处理费，居民可能无法接受突如其来的涨价，这就使得改革面临困难。但是在台北，情况则相反，相比改革前的随水征收①，按袋计量的方法更准确，而且实际缴纳费用可能还降低了。根据城管委工作人员的计算，在A市，目前的垃圾费已经十分低廉，按袋征收的费用，如果和实际上的垃圾处理费挂钩，更大的可能是比目前更高而不是更低。目前A市的垃圾处理费为15元/（月·户），这少于政府实际投入的垃圾处理费用，也低于国际的垃圾费用标准。

实际上处理一吨垃圾的成本是多少？根据政府提供的数据：政府对每户每月收取15元垃圾费，最初是10元属于街道，用于日常清洁卫生的维持，主要是清洁工人的聘请，另外5元上交市政府。2007

---

① "随水征收"指不对垃圾进行单独计量，而是指根据家庭的用水量按比例缴纳相应的垃圾费用。

年，街道反映经费不够，市政府不再收取这 5 元。所以，目前家庭所缴纳的垃圾费用，全部由街道收取，用于清洁卫生的维持。而垃圾的处理费用则由市政府承担，补贴标准为 157 元/吨。其中 82 元处理费、75 元生态补偿。城管委认为这个数额是调配的结果，并没有反映全部的垃圾处理成本，例如，其中的处理费只是终端处理设施的运营成本，不包括土地成本和其他环境成本。此外，根据城管委的研究，国外的情况是，垃圾处理费一般为家庭收入的 0.4% ~ 0.5%、家庭消费性支出的 0.8% ~ 1%。在 2000 年，A 市曾经做过粗略测算，A 市的垃圾费仅占消费支出的 0.21%。到了 2013 年，城管委的粗算结果是，即便按照国际标准的最低值 0.4% 计算，垃圾处理费应该是 60 ~ 80 元每户每月（城管委官员访谈，2013）。

不过，尽管目前垃圾处理费过低，但是居民对于试图涨价的政策仍然非常警惕，已经有市民评价垃圾分类"不就是想多收钱？"所以，按量计费的改革还停留在小范围的实验阶段，并未全面展开。

5.2.3 关于效果的三种叙事

第一种对效果的叙事来自政府。根据预估的推广垃圾分类的困难程度，A 市把所有街道划分为 ABCD 四类。A 为最容易，D 为最难[①]。政府的目标是：2012 年 A 类里有 15 个街道可以普及垃圾分类；2013 年，可以有 80% 的街道全面实施垃圾分类；到 2015 年，所有 A 类和 B 类的街道都可以实施垃圾分类。

---

① A 类街道集中在市区，大多属于 A 市老城区，处于整个城市或片区的中心位置。政府认为在这些社区里有更加深厚的基础，对这些社区更容易把握和控制，所以分类运动首先从这里开始，逐渐推广到全市。

在前文述及的总结大会上，报告人用"历史性突破"和"阶段性胜利"做出总结。在这种修辞中，"突破"和"胜利"肯定了这场运动的效果。"历史性"和"阶段性"则说明了成效的时限：①和以前相比，现在开始了（历史性）；②和未来相比，目前仍处于一个阶段，尚未终结（阶段性）。

政府的表述强调四类数据。首先是投入的资金、设施和宣传品的数量，例如某区两年共投入 7600 万元，更新路边垃圾桶分类标识 2.7 万套，配置分类收集容器 23 万多个，制作垃圾分类宣传片 12 套，新增生活垃圾分类公益广告 670 多幅。其次是经过验收确认垃圾分类合格的街道或家庭，例如创建环境友好家庭 10 万多户，全市 99 个社区通过验收，其中首批验收合格 60 个社区。再次，也是最重要的是针对居民的调查统计数据，包括知晓率、参与率等①，例如"市民对垃圾分类支持率超过 90%"，"分类活动在 1400 多个社区铺开，其中超过 30% 的社区实质性开展了垃圾分类"；X 街道"知晓率达到 98%，参与率达到 85%，投放准确率达到 75%"，A

---

① 事实上，要测量评估垃圾分类的效果并不像想象中那么简单，尤其是对正在进行的垃圾分类的实施程度来说。这个问题困扰了推广垃圾分类的环保组织，对政府来说也是个难题。如果垃圾分类被彻底执行，那么通过观察垃圾桶里的垃圾，或者称重被分出来的某种垃圾，就可以准确掌握垃圾分类的资料。但是如果一个家庭只分类部分垃圾，或者一个社区里只有部分家庭分类，那么最终得到的仍然是混合的垃圾，就很难通过观察判断到底有多少家庭做分类，有多少垃圾被分类。无法直接通过垃圾来估算分类的成效，那么就只能从居民行为的角度调查。在此，政府和环保组织采用了同样的方法，把垃圾分类操作化为一系列指标，例如开展率、知晓率、支持率、参与率和准确率等。正如字面上的意思，通过对市民家庭的调查，来了解现在有多少居民知道垃圾分类、支持分类，多少家庭和社区开始做分类，以及有多少人可以把分类做对。

市 32 个社区 10 万居民中"知晓率超过 90%，参与率达到 60%"。最后是关于垃圾总量的统计数据，如"去年全市生活垃圾焚烧、填埋总量同比减量 3.09%，今年上半年老六区同比减少 1.13%，城市生活垃圾无害化处理率达到 92%"①。

在上述数据中，资金、设备的投入相对确切。垃圾减量的总体估算，也有据可循。不过有关居民分类行为的统计，并没有说明什么是"参与率"、怎样算是"知晓"，"准确"又意味着什么。事实上，市长本人曾经指出，他看到有报告说知晓率和参与率如此之高，觉得"估计乐观了"。

第二种对效果的叙事则来自环保组织。对垃圾分类运动效果进行观察和评估是 EC 的一个工作内容。他们在全市范围内对垃圾分类的实施情况展开调查，在 2013 年和 2014 年分别发布了关于 A 市垃圾分类实施情况的调研报告。

2013 年的大规模统计调查针对 A 类街道的试点社区——也就是 A 市首先投入最大工作力度的一批社区。EC 的调查相对更为细致②。在 EC 的报告中，居民的知晓率、支持率、参与率、准确率，都比政府的数据要低，情况也更加复杂。虽然 87.4% 的居民知道 A 市正在

① 此处引述的内容均来自 A 市的政府工作报告。
② 我作为志愿者参与了调查的全过程。可以说，这份调查从设计问卷，到采样，到访问，到资料录入和分析，是相对科学的。当然，作为一个当时只有 3 个人的环保组织，不可能达到专业机构的水平。影响这份调查问卷可靠性的，主要是采样的方法不够科学，以及调查员在调查中的具体操作，例如因为人手不足，征用了大量的志愿者，其中一些志愿者无法严格遵循调查准则。虽然如此，在 A 市，能够有这样一个以 A 市所有 A 类街道为总体，经抽样调查对象达到 450 个家庭，相对细致的问卷调查已经非常有价值，无论是政府还是其他科研、学术机构都没能提供这样的资料。

推行垃圾分类，有 84.1% 的居民表示自己社区"有宣传并正在做"垃圾分类，有 60.7% 的家庭开始做垃圾分类，不过，只有 47.2% 的居民知道 A 市垃圾分四类，能正确选择 A 市垃圾分类口号"干湿要分开，能卖拿去卖，有害单独放"的只有 7.4%，只有 11.7% 的居民能准确回答什么是厨余垃圾。简而言之，实际上懂和做垃圾分类的居民，比声称自己知道和在做垃圾分类的，要少得多。根据我的观察，这样的数据所反映出来的情况很可能还是相对乐观的，主要因为：第一，在面对面的问卷访谈过程中，居民更倾向于回答那些让他们看起来更像"好市民"的答案，"说的比做的好"；第二，访谈期间正是那些街道投入大量成本、加大力度推动垃圾分类的时期，当这一波热潮退去过后，市民的参与程度还可能有所下滑。

和 2013 年的问卷调查法不同，EC 在 2014 年走访了 100 多个社区，采用观察和访谈的方法。他们的调查发现，在这 100 多个社区当中，有很多（报告并未说明多少）社区并没有真的使用合乎规范的垃圾桶和垃圾车，他们以此推断，这些社区并没有真的开展垃圾分类。不过，有 8 个社区做得特别好。此外，有 52.9% 的居民不知道本社区正在做垃圾分类。由于居民没有真的分类，为了完成减量目标，许多社区都依靠环卫工人的"二次分拣"①来执行垃圾分类。

事实上，在对结果的呈现中，EC 也以"阶段性"的眼光看待垃圾分类的效果。为了鼓励垃圾分类继续施行，也为了不打击基层工作者的积极性，EC 尝试强调相对正面的情况和成果。而媒体对于垃圾分类效果的评价则要严厉得多。在媒体的叙事中，不乏"分

① 关于"二次分拣"，5.3.3"垃圾分类运动中的清洁工人"将会详细解释。

不动""效果不佳""做不好""基本没分"这样的表达,甚至还用"打回原形"这样的修辞来形容那些试点社区在热潮退去后又回到了原点的情况(陆等,2011;孙,2013)。

综观上述几种不同的叙事。虽然政府对于居民实际上的分类行为估计较为乐观,但是垃圾总产量减少了确实是一个事实;从治理者的角度来看,资金的投入、基础设施的建设,确实是一种政绩。环保组织更加细致地调查了居民的态度和行为,呈现了更为全面而复杂的情况。其结论不如政府乐观,但是也没有否定其成绩。在垃圾分类战线上,环保组织作为合作人的角色,其目的是协作而不是挑战,这决定了其叙事的角度:有成绩也有失败,有值得赞许的地方,也有不足之处。媒体的批评则更加直接,媒体叙事呈现了"目前A市垃圾分类做得不好"的直观情况,但是在这种叙事中,居民态度和行为的复杂性、地方基层工作人员和环保组织努力带来的改变却隐而不彰。

事实上,在当时的A市,可以观察到两个相互断裂的现实。在政府工作会议上、城管系统和开展垃圾分类的街道办,会觉得垃圾分类开展得如火如荼、轰轰烈烈;在和基层政府工作人员的交流中,看见他们非常投入,所思所想所谈论的都是垃圾分类。如果稍加留意,还会发现A市的街头巷尾随处可见垃圾分类的信号:分类垃圾桶、垃圾车、宣传海报、新闻、视频、公益广告。但是,观察公共空间的分类垃圾桶,会发现大部分形同虚设,里面的垃圾依旧是混合的。除了积极推广垃圾分类的社区,放眼整个A市,其他社区的居民都对垃圾分类较为漠然。可见,社区工作力度很大程度上影响了居民的观念和行动。

总之，本节首先介绍了什么是垃圾分类，然后回顾了 A 市这场持续进行中的垃圾分类运动，呈现垃圾分类是如何展开的：基础设施建设、宣传教育、下达任务、层层动员以及垃圾收集和收费方法的改革。政府罗列大量数据，证明运动取得了"阶段性胜利"，然而环保组织、媒体，对垃圾分类的效果皆有不同叙事。

5.3 教你如何做分类：环保组织的垃圾分类实验

下文将调整焦距，切换到更加微观的视角，来到垃圾桶旁，观察环保组织如何试图劝导人们分类垃圾，人们又是如何反应的。这个观察从我自己作为志愿者，教人做垃圾分类的情景开始。在这里，我的身份是环保组织 EC 的志愿者，在 EC 的一个项目点，我站在垃圾桶旁边，试图教会并监督人们做垃圾分类。

5.3.1 "站桶"：教你正确地扔垃圾

在 A 市一栋写字楼里，我戴着一双麻布手套站在垃圾桶旁边。身旁是三个大塑料桶：两个敞口的大圆筒，上面分别贴着"可回收物"和"其他垃圾"的标识，还有一个带盖子的方形桶，上面写着"厨余垃圾"，因为厨余垃圾有气味，容易腐坏，招来昆虫，所以通常采用这种有盖的桶。作为志愿者，我的任务是在中午吃饭的时间——这是扔垃圾的高峰期——守在这些垃圾桶旁边，任务集观察、劝导、教授于一身。观察有没有分类，如果没有，就了解是不愿意做还是不会做，如果愿意的话，教给他们分类的方法——这个行动被 EC 称为"站桶"。站在垃圾桶旁边检查人们的垃圾，并且告诉他们正确的丢弃垃圾的方法，多少有点令人尴尬。作为一名环保志愿者，我力图表现得真诚、礼貌、友善，提供微笑服务。

午餐时间开始，有人陆续拿着塑料饭盒走来。看到我在这里，变得有些疑惑和不自然。我告诉他们垃圾需要分类的时候，大部分人还是欣然接受的。不过，要准确投放垃圾，对他们有点困难。就像这个人，他的手里拎着一个塑料袋，袋子里有两个饭盒，大饭盒里有剩饭，小盒是还有一盒没有喝过的汤，还有筷子、牙签、擦过嘴的纸巾、饮料盒、一块香蕉皮，为了吃饭不把办公桌弄脏，还有一张垫桌子的报纸。我教他把饭盒里的饭和汤倒进厨余垃圾桶，将倒干净的饭盒放进其他垃圾①——这是最基本的。香蕉皮或者苹果核应该扔进厨余桶。倒饭的时候还需要小心，要把混进剩饭中的一次性筷子、牙签、包装筷子和牙签的塑料袋或者纸袋、擦过嘴的卫生纸拣出来，扔进装其他垃圾的桶。毫无疑问，塑料袋属于其他垃圾。至于报纸，如果是干净的，就要扔进可回收桶；如果已经被食物弄湿弄脏，就算其他垃圾。②

我把这些"知识"重复告诉来扔垃圾的人。当人们扔错的时候，我会把扔错的垃圾捡起来，一边讲解，一边投进正确的桶里，以加深他们的记忆——这就是为什么我戴着手套。扔垃圾的时间变

---

① 实际上一次性饭盒有很多种，材料各不相同。有的饭盒是可回收的，例如PVC材质的饭盒；有些饭盒是不可回收的，例如一次性发泡饭盒。将饭盒全部作为其他垃圾丢弃，这是因为，首先，根据城管委制定的垃圾分类系统，饭盒（不分材料）属于其他垃圾；其次，这是为了让扔垃圾的人可以先学会简单的分类，不给他们造成太多的困难。关于如何界定可回收物，以及可回收物和其他垃圾的界限问题十分复杂，下文还将展开更加仔细的讨论。

② 至于为什么这些物品属于这个类型的垃圾，将在下文得到解释。

长了，以往"扔"这一个瞬间的动作，变成了一连串的程序，很快来扔垃圾的人排起了长队，队伍后面的人变得不耐烦起来。

有的人选择无视我，快步走过来，目不斜视，迅速一甩手，把所有垃圾全部丢进一个桶，在我还没有来得及说话的时候就匆忙离开。有的人用行动表示抗议，他们看见我在这里，转身离开，把垃圾扔在厕所或者楼梯间的烟灰缸上面，还有人直接把垃圾放进我手里，转身就走——好像在说"你愿意做你就做吧，我不管"。有时候我还会遭遇"挑衅"，有人抱怨"也太麻烦了吧"、"这么复杂，你现在可以帮我，但是你能在这里站多久呢"，还有人略带嘲讽地对我说"你要坚持下去啊"。

这栋大楼里每层都有垃圾桶。关于垃圾分类的宣传和分类垃圾桶每层都有，但是没有人"站桶"的楼层是没有人做垃圾分类的。我对垃圾分类非常熟悉，这使我有一种错觉，就是垃圾分类每个人都知道，只是他们愿不愿意去做的问题。"站桶"的时候我才发现，对于我来说熟悉的做法，对于别人来说是陌生的，几乎是一种全新的知识，知识背后还有一整套的理论和伦理支持。了解这套伦理和理论，才会了解为什么要做垃圾分类，以及更重要的，为什么要这样分类，为什么要分四类，为什么某种物质属于这一类而不是另外一类。

所以，"站桶"的时候，我感到自己的主要任务不是劝导、监督。事实上只要我站在这里，劝导和监督的任务就已经完成了。我感觉自己更像在教授一种知识：垃圾分为几类、每种物品属于什么垃圾、对于不同垃圾需要怎么做。通常我根本来不及解释为什么，人们的耐心有限，他们希望我直接告诉答案，什么属于什么垃圾——如果他们还愿意听我说两句的话。事实上我已经开始把一个在他们日常实践中习惯的瞬间，拉长到了一分钟。所以我只能见缝插针地讲解。他们几乎不能一次就记住这些知识，前一天的错误，第二天还会再犯。他们更不可能一次掌握所有的知识——我的策略是把内容拆分，一步一步来，每次只教一个知识点。有时候我们有两个人，一个人负责教育，一个人专门监督和记录，即便如此，我们还是没有办法在短暂的互动当中，教会人们更多的内容。

虽然我感觉自己像一位老师，实际上我只是一个环保组织的垃圾分类项目的志愿者，而"学生"早就注意到我的身份可疑。虽然我们穿着统一印制的 EC 的 T 恤，胸前别着垃圾分类的徽章，脖子上挂着标明"EC 志愿者"的胸牌——这些装饰都是经过考量的特意的设计，以增加垃圾分类的可见性，并且令我们站桶显得更加正当，甚至有了一点权威，可是大多数人还不太了解环保志愿者是干什么的。他们误以为我是物业公司的人——如果是这样，我就是为他们服务的，这就不奇怪为什么有些人把垃圾塞进我手里转身就走，也不奇怪有些人认为我如果不在旁边帮忙，他们就没有义务继续做下去。还有人相信我是多管闲事的大学生，三分钟的热情退去后就会离开。不过，他们都聪明地意识到，我并没有权力要求他们做什么。因为没有强制力，他们最多只愿意"给个面子，帮个小忙"，在最方便自己的情况下答应我的要求，但不会做更多。他们还敏锐地提示我行动的界限，如果正在忙、没时间，就最好不要打扰。这也是为什么我们把站桶选在中午吃饭的时间——既不入侵他们的领地，也不侵犯他们的时间。

5.3.2 环保组织如何推动垃圾分类：以一个项目为例

在一栋写字楼里推动租户进行垃圾分类，这是环保组织 EC 的一个实验项目点。通过这个项目，EC 想要探索一套让人们做垃圾分类的好办法，也想证明：只要找到好方法，推动垃圾分类是可能的。他们有一个理论——据说来自台湾地区环保者的经验——因为人可以在 28 天培养一个新的行为，所以用 28 天就可以培养起来做垃圾分类的习惯。他们选择这栋楼作为试点，还基于一种假设：素质决定了人们是否有文明和环保的行为，所以在素质越高的群体中间，就越容易推动垃圾分类——这是一栋高科技公司云集的写字楼，其中的租户受教育程度高、有"素质"，理应更配合垃圾分类①。此外，另一个实用的考量是，EC 想要从易到难探索推动垃圾分类的方案。写字楼相比家户，垃圾成分更为简单，分类理应更加容易。尽管一开始信心满满，然而，整个项目的开展，是一个不断让 EC 意识到"推动垃圾分类比想象中更难"的过程。

项目的最初计划是半年，最终用了九个月的时间。项目从更换设施和宣传开始。EC 的员工 S 是项目负责人②。他首先采购了几种不同型号、不同颜色的垃圾桶，把每个楼层的公共垃圾桶都换成 3 个分类垃圾桶（如上文，包括可回收、其他和厨余垃圾桶），并且给这栋楼的每个办公室都派发了两个小的分类垃圾桶③（其他垃圾

---

① EC 的垃圾分类项目不止在这一栋大楼开展。这是 EC 第一个垃圾分类项目，也是投入人力、精力最多，作为主导参与一个项目。后期 EC 开始转入居民区进行垃圾分类项目。

② 组织的其他全职人员，作为协助者参与其中。这个项目还有 3 个常驻的志愿者，我是其中之一。

③ 考虑到办公室里面产生的厨余垃圾不会太多，另外有办公室出于卫生的考虑，并不希望有厨余垃圾，所以每个办公室内没有配备厨余垃圾桶。至于有害垃圾，从常识判断，每天产生的量不会太多，所以并没有专门配桶，而是在整栋楼的大堂统一配备了有害垃圾回收处。

桶和可回收物桶）。其理念是希望租户可以在自己的办公室就开始分类，随后只要把分类的垃圾倒进公共空间的大桶就可以了。在运输方面，S给保洁员的垃圾车焊上了分隔，刷上分类的颜色和图示，变成分类垃圾车。此外，S印刷设计了大大小小的分类指引海报，可以贴在写字楼的不同地方。还有费心思设计的小礼品派发给楼内的人员，如一面是日历或地铁线路图，另一面是垃圾分类宣传语的小卡片，上面写着"每种垃圾都有自己的家"。

这套方法和政府开展垃圾分类的方式不谋而合。项目执行人相信，设施和宣传品，这些物品和设施可以引导和改变人的行为。遗憾的是，这些物品本身并没有魔力，人们心安理得地把混合垃圾丢进分类垃圾桶，熟视无睹地路过所有的宣传资料。精心准备的设施没有按照期待的方式被使用。派发给各个办公室的成对使用的两个小垃圾桶，人们或者叠放在一边根本不用，或者直接把它们当作两个普通垃圾桶来用。楼道里的海报被撕毁。就连分类垃圾车里的隔板，也被清洁工人取下来丢进仓库，垃圾车恢复了原样。投入了大量的成本和精力，经过了3个月的设备准备和宣传品设计、制作、采购、发放、更换，S意识到让居民做垃圾分类也"没有想象中容易"。

面对不乐观的进展，S首先想到的是改善设施和海报的设计。他相信是设计无法有效传达信息。面临资助方的质问，又经过EC内部激烈的讨论、争执，S意识到，仅仅改善设备不会得到理想的效果，需要的是"人的工作"，即面对面的劝导。EC把项目转变为一个可以观察不同方案的试验，前一段时间被称为"粗放期"——只摆放设备，而加入"人的工作"之后，被定名为"细致期"。去观察"粗放期"和"细致期"的效果有什么不同，变成了这个实验想要回答的问题。答案颇为明显：只是更换设备、张贴发放宣传品，几乎不会带来人行为的改变。

在新的阶段，EC 学习其他环保机构的工作方法，首先找到这个项目的利益相关方，包括这栋写字楼的业主、物业公司、清洁工以及租户们。EC 分别和这些利益相关方交谈，介绍自己的项目，听取他们的意见和顾虑，并且邀请他们一起参与项目的决策。经过一轮邀约和恳谈，这栋楼的老板和物业公司都表示愿意支持垃圾分类。物业以自己的名义发布了一个通知，提醒租户这栋楼已经开始开展垃圾分类。和这个项目关系密切的利益相关方还有这栋楼的清洁工团队。清洁工在垃圾分类项目当中扮演着相当重要的角色，将会在下一小节中专门讨论。

经过一段时间的反思、调整，加上和各个利益相关方的沟通，时间又过去了两个多月。虽然 S 每天都忙碌不堪，但是从表面上看，这栋楼的垃圾分类还没有显现什么进展。EC 一方面增派人手加入这个项目，另一方面展开调查，想要搞清楚工作迟迟不见效的原因。调查的结果部分地说明了问题：垃圾桶上方的海报移位、标志撕毁，起不到任何明显的指引效果；少数租户表示反对这些设施的设置，说这些设施的改变让他们不习惯，令他们感到厌烦，或者觉得使用这些桶让办公空间变得更加脏乱；大多数人其实并不反对，只是漠不关心，甚至根本没有注意到分类项目的存在。

如何能有效传达垃圾分类的信息是一个关键问题。S 制作了一个长 4～5 米、宽 1～2 米的大海报，贴在写字楼大堂的宣传栏。这让垃圾分类的宣传醒目了起来。他还计划制作"本栋楼已经开展垃圾分类"的铭牌，贴在电梯或其他显眼之处。此外还计划制作具有立体效果的金属指示牌，放在每层楼垃圾桶的旁边。海报也打算采用更加鲜明、夺人眼球的设计。S 还想要制作两个人偶服装，就像商家促销那样，人们可以穿着服装走来走去，打扮成卡通人物，派发垃圾分类的宣传资料。宣传品升级的计划，最终在同事的劝阻中放缓。同事提醒 S 不断地升级开发新的宣传品，而不是多利用旧物，本身就是在制造更多的垃圾，已经有违 EC 自己的理念。

EC 还开展了一些活动，以提升宣传的效果。这些活动和其他常见的公益宣传活动并无二致。例如邀请这栋楼里的人手举一张纸，上面写着"垃圾分类，我支持"拍照，然后把这些照片拼成一面照片墙，以此提升大家的参与感。比较能够有效传达信息的一个活动是分享会。分享会邀请这栋楼的办公人员参加。先播放有关"垃圾围城"的视频，介绍 A 市的垃圾危机，分析垃圾带来的环境影响和焚烧垃圾造成的污染，提醒观众这种污染的严峻性。通过这种冲击，唤起民众的环保意识，提醒人们自身对于环境污染是有责任的：一方面，正是人们自己的行动导致了污染；另一方面，如果改变这种行动，也会改善环境问题。最后提供解决方案："如果这样做，结果会不一样。"这个解决方案，当然就是垃圾分类。这是环保宣教的一种常见叙事，即"危机恐吓—唤起意识—解决方案"的叙事①。

---

① 虽然我使用"恐吓""恫吓""渲染"这样的词汇，但并不是暗指这些环保教育的内容是虚假不实的。只是说，这是环保宣教惯用的一种修辞风格和叙事方式，通过呈现环境危机的末日景象来达到唤起人们环保意识的目的。

分享会的最后一个环节是培训，传授具体的垃圾分类的知识和方法。分享会确实对参与者产生了有效触动。不过，遗憾的是，因为是在办公时间，对于时间就是金钱的科技公司来说，无法让更多的人参加。无论如何，这样的宣教活动，在这栋楼里播撒下了一些垃圾分类意识的种子。

贯穿项目首尾的另一个方法是问卷调查。问卷调查不仅仅可以帮助我们了解人们的想法，同时也是一种宣传，把垃圾分类的信息植入人们的脑海。这栋写字楼的租户全是公司，闯入和打断是不受欢迎的，更不用说做宣传。问卷调查提供了一个合理的借口进入，制造接触的机会。所以说，作为宣传活动，这些调查功不可没，不过，作为调查本身，却难以及时发挥作用。像 EC 这样的小机构，缺乏人手是常态，好几次问卷做完后，不得不被搁置，锁进柜子里，无法得到及时的录入和分析。

在项目开展接近半年的时候，"站桶"的行动终于展开。"站桶"时断时续，前后加起来一共进行了两个月。因为人手有限①，在这个 15 层的大楼里，先选择部分的楼层开始"站桶"。正如前文所讲述的，"站桶"是一个至关重要的实践，它试图推动垃圾分类者和普通民众的直接互动。互动在一个高度浓缩的时空中进行，就发生在垃圾桶旁边、扔垃圾的那个瞬间。

"站桶"为这栋楼带来了改变。效果最好的 15 层，每天中午

---

① 参与这个项目的人有项目负责人 S、我、后期加入 EC 的一名员工和一名实习生，以及另外一两个偶尔到场的志愿者。事实上，除了 S，5 人都有其他工作，无法每天出勤，每天到场的志愿者保持 3 个就算是不错的。有的时候碰上 EC 的要事，人员全体出动，就没有人"站桶"了。

过后，终于可以看到其他垃圾桶里堆叠得高高的饭盒，可回收物桶里是干净的纸类，打开厨余桶盖，可以看到纯净的厨余——全是食物，看起来简直像是奇迹。其他有人"站桶"的 3 个楼层，效果稍差，大致有分类，但效果时好时坏，反反复复。总体而言，当天有人"站桶"的效果稍好，我的目测是可以达到 80%以上的准确率——或者说，一个垃圾桶里，大约有超过 80%的垃圾是放对了地方的。至于没有"站桶"的楼层，则没有开始分类的迹象。15 楼的效果好，有两点原因。一是不像别的楼层有若干小公司，这层楼只有两家大公司，同公司的人容易传递信息、相互影响。而且，其中一家公司正是这栋楼的业主，公司老板了解并且支持垃圾分类计划，所以配合程度比较高。二是这层楼是第一个开始的，也是最"精耕细作"的，投入人力和精力最多的楼层。有连续三周的时间，每天都有一到两名志愿者"站桶"。这些楼层的工作证明了持续"站桶"的有效性。然而，对于 EC 来说，时间和人力有限，这是难以推广的[1]。另外，弥足珍贵的成果还面临着难以保持的问题。一旦没有志愿者"站桶"，分类的效果就有可能回落。

到了 8 个月的时候，项目面临完结——最初的计划是 6 个月，无论是资助方还是 EC，都没有预料到要用这么长时间。EC

---

① 以每层楼需要 1.5 个人"站桶"计算，那么整栋楼 15 层，就需要 23 个人每天连续不断站 3 周，才能够初步教会人们做分类。教会之后，还需要巩固和保持人们分类习惯，所以还需要有人每天"站桶"监督。EC 目前可以调用的只有一个项目负责人、一个实习生，加上一两个志愿者。所以对于 EC 来说，资源有限，如果时间和人力成本太大，这一层楼的做法，就无法复制推广到整栋楼。更不用说一个社区（通常有几十栋楼）或者一个街道。

决定要在第 9 个月给这个项目画上句号，开始进入项目的总结、报告、收尾阶段。

回顾整个项目，参与者们不断加深的感受是推动人们做垃圾分类比想象中更难。最初的设想中，更换设施、环保宣教，加上"站桶"的监督和指导，一个月左右人们应该可以形成垃圾分类的习惯。事实证明，难度在最初被大大低估了。当然，这也与小型环保组织缺乏人手和经验有关。执行者开始意识到，改变人的行为是一个难题。EC 试图向外汲取经验，S 甚至到上海的一家兄弟机构学习，据说这家机构可以成功地推动垃圾分类，并且已经形成了一套固定的方法。在实践中，EC 发现这些经验不容易复制，因为现实条件差异太大了①。整个项目像是摸着石头过河，无章可循，需要不断试错才知道哪些行动是无效的。虽然后期有了一些起色，但这个项目一度令 EC 和 S 感到焦虑和挫败。

这个项目虽然没能全面推动这栋楼的垃圾分类，但是它的价值仍然有两点。一方面，这个项目确实把垃圾分类的知识和思想传播到了这栋楼，而作为一个实验，几层初具成效的楼层，则展示了在何种条件下做什么、如何做是有效的。另一方面，所有的实验、试

---

① 比如，上海的组织成功推动一栋写字楼的垃圾分类，但是这栋楼隶属于一家公司，公司的老板支持垃圾分类，并且要求下属全部执行。这就大大降低了推行垃圾分类的难度。而在 EC 的案例中，一栋楼有大大小小几十家公司，EC 虽然取得本栋楼业主和物业公司的同意，在此开展垃圾分类，但并没有得到每家公司老板的首肯。此外，上海这家组织所接的项目，大多是社区或者写字楼主动找到这家组织，出钱购买服务，请他们来帮忙开展垃圾分类培训。这就和 EC 找到这栋写字楼，说服他们开展垃圾分类的情况大不相同。最后，也有证据指出，即便是上海这家组织成功推动的项目，在组织撤离后，分类也有难以为继的情况。也就是说，这些项目是否算彻底成功还尚存疑问。

错、经验都是这个项目的成果。遭到的拒绝和错位的对话，也使环保行动者进行反思。他（我）们重新思考自身的位置和角色，自己的知识在社会大众中的接受度和适用度。这种经验和反思，也更新着 EC 这样的社会行动者的知识库，从而影响和改变着它们。

下文将转换视角，看一看垃圾分类中的另外一群关键人物——清洁工人。以这个项目为例，检视清洁工人在分类运动中扮演着怎样的角色，他们又是如何理解垃圾分类的。

5.3.3　分类运动中的清洁工人

在这栋写字楼中，清洁工人维持着洁净。他们每天不断地打扫卫生，并把这栋楼产生的垃圾运走。这栋楼有一个七八人的清洁工团队，由一位清洁队长带领，除了一名是男性，其他都是来自湖北、湖南、四川的女性，年龄大多为 40～60 岁。

尽管清洁工人每天在这栋楼里忙碌打扫，但是大多数时候没有人注意到他们。统一的暗黄色制服，让他们进一步"隐形"。只有一种时候，他们格外引人注意，那就是运输垃圾的时候。当他们提着垃圾袋穿过楼道，尤其是走进电梯里时，人们避之不及。不管味道如何，人们马上反射性地捂住口鼻，向远处躲避，厌恶不加掩饰。白领们的反感，清洁工人心知肚明，他们尽量躲避，就像自己是传染病人，能走楼梯就不坐电梯，在电梯里就紧挨着门，用身体阻隔着垃圾和其他人，门打开就第一个出去。

实际上，些微的敌意一直存在于清洁工和白领们之间。白领们有时候会投诉清洁工的打扫还不够干净，"用拖完地的拖把擦楼梯扶手"，或者"卫生间的垃圾没有及时清理"。清洁工也会指责白领们"不干净"。来自湖北的 Y 有点耳聋，但是这完全不妨碍她感受来自这栋楼的白领们的歧视。她也会说白领们"有些人素质太差""不自觉""太脏了""不讲卫生"，因为他们不把垃圾扔进桶里，或者把茶渣剩饭倒进洗手池，堵塞下水道。"这些人呀"，她经常一边摇头一边叹气。

清洁工人们每天两次收集楼层的垃圾，清晨一次，午后一次。每个工人负责几个不同的楼层。他们排了班，每天轮流两个人把所有垃圾运往附近的垃圾中转站。垃圾车是人力的两轮车，前面有把手供人拉车，后面是一个大大的金属后斗。垃圾中转站离这栋楼有800 多米的距离。到达中转站后，两个清洁工需要相互配合，一前一后把垃圾车推上中转站的高台，把垃圾倒出来，然后拉车下来，用中转站配备的水龙头把车子冲洗干净，最后拖着空车离开。每天中午附近的清洁工都运输垃圾到中转站，这里排起垃圾车的长队。不同楼宇、区域、公司的清洁工们会趁机彼此闲谈几句。这个中转站有一个专门的工作人员，老 X，有时候会骂骂咧咧地和工人们叫嚷起来，原因只是工人不想等得太久，或者老 X 嫌工人动作太慢。虽然言语激烈、用词粗暴，实际上双方关系不坏，叫骂很快就变成了玩笑。

清洁工人直接面对居民和居民所丢弃的垃圾。一方面，他们是居民与垃圾之间的中介、垃圾与收运网络的中介。另一方面，他们又是居民与市政垃圾管理系统的中介。因此，清洁工人是垃圾管理系统的关键节点，即使不像其他行动者那样拥有强大的决策权或者话语权，却对垃圾分类的成败发挥着至关重要的作用。广西横县是一个成功开展垃圾分类的地区，其推动者认为，建立垃圾分类系统的关键就是清洁工人发挥了推动作用（横县垃圾综合治理项目团队，2013）。无论是 A 市政府，还是 EC，都意识到清洁工是推行垃圾分类的关键一环。政府希望清洁工人可以在收运垃圾的同时，顺便担任监督者，督促居民做分类。强硬一点的做法是，对于没有分类的垃圾就不收走。然而，实际上这很难实现，因为清洁工人没有权力去指正居民的行为。居民认为清洁工人的职责就是帮助他们处理垃圾，清洁工人无权反过来要求他们做什么。

在整个 A 市，清洁工人成了浩大的垃圾分类工程的着力点。在居民参与度不高的情况下，要如何完成上级政府下达的指标呢？答案就是清洁工人。实际上，清洁工人往往成了分类的实操者。一些街道和物业直接规定，每获得一桶纯净的垃圾，就奖励清洁工人10 ~ 15 块钱。至于如何得到这桶纯净的垃圾，则靠清洁工人自己。清洁工人替居民垃圾分类，美其名曰为"二次分拣"。另外，就算居民非常彻底地分类了，依然需要清洁工人的劳动。例如，厨余垃圾都被居民装在专门的垃圾袋里，而厨余的终端处理设施，是不能连同袋子一起处理的，所以，需要清洁工人做"破袋"的工作，也就是剪开这些垃圾袋，把厨余倒出来。一名社区的物业人员告诉我他的计算：社区有 10000 名居民，将近 4000 户，如果每户每天产生一袋厨余，那么给清洁工人增加的额外工作量是每天处理 3746袋总重 1700 千克的厨余。层层下达的任务和指标，最终落实到了清洁工人头上。表面上看，采取计件、计量工资的方式，清洁工人可以得到经济激励。实际上，其结果不但是额外增加的工作量以及恶化的工作条件，工作本身实际上也发生了变化：现在清洁工人不但需要清扫和运输垃圾，还需要开始处理垃圾。

EC 的垃圾分类项目没有试图通过加大清洁工人的工作量来实现分类。他们对工人的期待首先是把分类过的垃圾分类运输，不要在运输过程中混合，此外，如果能够对扔垃圾的人进行劝导和监督那就更好。EC 的项目还有一个理想化的目标：借这个机会让清洁工人变得"可见"，改善他们和白领的关系，让他们更受尊重。

基层政府和环保组织在清洁工人问题上有一个共享做法，那就是利用清洁工人辛苦、工作条件差的形象来唤起民众的愧疚感和同情心，通过展示清洁工人恶劣的工作条件，教导民众"将心比心"，不要乱丢垃圾，减少制造垃圾，尽可能分类，以给清洁工一个更加洁净和有尊严的工作环境。EC 开展的调查已经证明，确实有居民出于对清洁工人的同情而更愿意做垃圾分类。然而，这种宣传的方法对清洁工人的真实处境帮助有限。清洁工人的形象只是被借用到垃圾分类宣教中来，其真实处境并未因之得到改善。

实际上居民也用清洁工人作为自己拒绝垃圾分类的理由。很多居民解释自己不做分类的原因时提出：清洁工把垃圾混合起来运输，这样分类就没有用了。为了回应这种批评，城管委和基层政府对全市的清洁工人展开培训，要求他们做到分类收集、分类运输的标准化操作。另外，市民还有一种认知：我们花钱购买了清洁服务，收运处理垃圾是这个服务的一部分，那么垃圾就应该由清洁工人而不是我们负责。这种认知也造成了 EC 和大楼租户之间"错位"的对话。在 EC 的调查中，询问租户对本栋楼的垃圾分类计划有何意见时，希望得到的是具体和有针对性的建议。然而，租户们并没有按照 EC 的期待给出建设性意见，而是趁机投诉和抱怨这栋楼清洁服务还不够好，例如，打扫得不够干净、不够及时。这种各说各话的原因是对垃圾的认知不同。EC 的假设是每个人应该对自己产生的垃圾负责，垃圾分类理应由垃圾生产者来做。而租户们的逻辑是既然我们已经购买了物业的清洁服务，那么垃圾就跟我们无关了，丢弃以后，工人和物业应该对垃圾负责。

垃圾分类项目刚开始，EC 一方面通过物业通知清洁工人，请他们进行分类运输；另一方面也跟清洁工人当面说明了项目。在最初阶段，租户并没有分类，分类运输也没能实现，清洁工人的做法和以往并无不同。如前文所述，EC 更换了所有的垃圾设施，包括将普通垃圾桶更换为三个分类垃圾桶，每个垃圾桶上贴有类别标识，为了更加醒目可见，上方的墙上还贴着对应的海报。普通的两轮手拉车被改造成分类车，垃圾车中间被焊上一个隔板，分成了前后两格，分别刷上不同的颜色，印上标识。几个月过后，垃圾桶上贴的分类标识变得残破，墙上贴的海报被撕毁。垃圾桶的位置和墙上的指示海报是错乱的：其他垃圾的指示海报下面放着可回收垃圾桶，而可回收垃圾桶上方的海报是厨余垃圾，厨余垃圾桶上方又没有任何海报。这意味着清洁工人在摆放垃圾桶的时候并没有注意到海报。清洁工人们把分类垃圾桶当作普通垃圾桶来使用，更不要说去维护它们。检查垃圾车的结果也令人惊讶，小车的隔板竟然被全部拆掉，不知所踪。清洁工人们坚持把改造后的分类垃圾车当作普通车子来用。

EC 不得不开始着手调查小车隔板的去向，原来隔板被工人们拆了丢进了储藏室里。理由是垃圾太多了，车子隔了之后一次装不下那么多垃圾。这个时候 EC 也意识到，清洁工人不可能轻易地按照他们的要求行事，有必要跟清洁工们做更深入的交流①。行动从拉近感情、赢取信任开始。首先是一起吃顿饭，EC 请客。聚餐在轻松愉快的气氛中开始。吃饭的主要目的是相互了解。工人们非常高兴，聊到在这里的工作，他们觉得令人满意的是相对轻松、时间也比较多，每天早上和下午干完活就可以离开，有的人甚至还兼职打着另外一份工。还聊到他们的生活，工人们说得最多的就是远在家乡的子女。提到垃圾分类，工人们都表示完全同意，愿意分类运输，同时又表示对这栋楼租户的怀疑，认为让租户改变行为几乎是不可能的事情。

对清洁工人的正式培训随即展开。培训目的有二：一是让工人们认识到垃圾分类的必要性，也就是培养一种和垃圾有关的环保意识；二是传授给工人们有关垃圾分类的知识，例如分几类、如何分、操作中应该注意什么。培训的内容经过精心准备，采取 PPT 演示加讲解的方式。EC（包括我）都不假思索地认为，如果要传授某种知识，就需要通过培训，而培训就意味着演示、讲解 PPT。对于这栋楼白领的宣传活动，使用的是同样的方式。我们没有意识到对于这些中老年清洁工来说，PPT 教学有可能不是最适合的形式。无论如何，PPT 还是几经修改、演练，就是为了更加贴近清洁工的语言和习惯。一开始准备的有关垃圾污染环境的生态循环知识，被认为太过书面化和专业性太强，随后被替换成简单直白的语言"垃

①　我作为有农民工研究经验的人类学学生，同时作为项目的志愿者，推动了这些交流的实现，并且在交流当中，引导工人们表达自己的真实想法，同时帮助 EC 去倾听和理解这些想法。

圾如果不处理，就会回来，被我们吸进去，吃下去，喝下去"。我们估计，强调垃圾污染 A 市，可能并不会特别打动清洁工人们，因为他们大多计划在城市挣几年钱，然后就回老家。工人们迫切关心的还是收入和自己的健康。以此为突破点，我们决定强调，如果垃圾做了分类，会让工作环境更卫生、更安全。还强调，分类后可回收物可以拿去卖钱。为了加强印象，直接在 PPT 里放上了人民币的图片（见图 5 - 2）。

图 5 - 2　EC 清洁工人培训 PPT 演示

　　培训会在这栋楼里的一间小小的办公室召开，清洁队长带着 7 名工人来参加。队长强势命令工人们"好好学习""好好配合"，这让气氛一度有点紧张。工人们都非常配合，但是谈不上畅所欲言。包括我，EC 一共有四个人出席，每个人负责讲解不同的内容。为了让工人记住"干湿要分开，能卖拿去卖，有害单独放"这三句话，还安排了有奖问答环节。通过前期沟通，了解到清洁工人最在意的是自己的孩子，EC 采购了小孩的文具作为有奖问答的小礼品。尽管在讲解 PPT 的过程中，工人们有时候会走神，但是最后大家都背下来了这三句话。正如预期，提到有害垃圾危害清洁工的健康，引起了工人们的注意。他们说从来不知道日光灯管是有毒的，收运过程中会有危险①，并且说以后想要戴上口罩工作。为他们播放的 A 市垃圾污染的视频，他们对其他内容没有太大反应，但是看到垃圾场的清洁工人分拣垃圾的场面还是颇为触动，感叹说这些人怎么不带任何口罩、手套之类的防护品。

这些诚恳的交流、精心筹备的培训，对清洁工人产生了怎样的效果？一开始，清洁工人就同意垃圾分类——事实上，因为物业公司要求，他们没有说不的权利。然而，虽然口头上同意，清洁工人的分类运输并不积极。例如成果显著的 15 层，来自湖南的清洁工 H 会把分开来的不同类别的整袋垃圾放进同一个桶里，再用这个桶把垃圾运往 1 楼的垃圾车统一倾倒。从她的角度来看，她负责 14、15 两层楼的垃圾，如果可以把所有的垃圾用一个桶运到 1 楼，她就

---

① 日光灯管含汞，如果灯管破碎，汞会被释放出来。日光灯是常见的家庭垃圾，而且在运输的过程中又非常容易打碎，所以对清洁工人来说，是一个普遍的潜在危险。根据城管委的规定，日光灯管作为有害垃圾，需要单独存放、单独收集，收集到一定数量，由城管委上门收运。然而，目前在实际操作中，灯管还是被市民当作其他普通垃圾一样丢进垃圾桶，和其他垃圾混合，由清洁工收运。在以往的工作培训中，清洁工人从来没有收到过这方面的提醒。

没有必要搬运两个桶，更没有必要分两次运下去。总之，虽然清洁工人口头上从来都不反对垃圾分类，还答应要帮助正确使用和维护分类设备，实际上，却一直对分类设施的破败错乱视而不见，也并未严格执行分类运输。

事实上，没有明晰的垃圾分类的意识，并不意味着清洁工人们没有垃圾分类的实践。不了解可回收物的概念，也不意味着工人们不知道有些垃圾可以拿出来卖。他们努力地收集着这栋楼里可以卖钱的可回收物。有时候办公室的白领们会把值钱的废品交给他们，例如饮料瓶子、厚纸箱子。他们也从垃圾桶里把能卖的挑拣出来。如新近得知有一种饭盒可以卖钱，他们会专门把这些饭盒里的剩饭菜倒出来，把饭盒整齐地堆叠起来——这恰恰是 EC "站桶" 的时候教租户们做的。事实上，清洁工人还每人 "占领" 了一个楼层的残疾人厕所——显然这栋楼的残疾人厕所并没有残疾人使用——他们把这些卫生间变成他们的储藏室，把能卖钱的可回收物储藏在里面①。这栋楼的垃圾在中转站还会经过一次分拣，管理员老 X 会把垃圾袋打开逐一检查，树叶之类的垃圾直接扔进压缩机，把生活垃圾放在一边，有空的时候再翻看这些袋子，进一步把可以卖钱的东西挑拣出来。也正因为如此，老 X 对于垃圾分类有些戒备。虽然他不知道垃圾分类具体是如何操作的，但是他担心分类带来的改变会影响他的经济收益。

清洁工人是如何理解垃圾分类的呢？在垃圾分类初具雏形的 15

---

① 可回收物价钱便宜，少量的可回收物是没有人收购的，不可能每天卖掉。只有积累一定的数量，才有人愿意一次性收购。所以，收集、存储、积少成多，是能够卖出可回收物的关键。

层，我问来自四川的 M 觉得垃圾分类的效果如何。M 含混地回答，"有时候好，有时候不好"，此外无话。实际上，我观察到，她拿到的可以售卖的东西确实变多了，收集过程无疑更加方便了。现在她可以直接把一整摞一次性饭盒拿走，而不用从一大堆混合垃圾当中一一挑拣出来，倒掉剩饭。此外，这栋楼常见的一次性饭盒有三种，以前她们只回收一种。因为现在更容易拿到饭盒，这让他们受到鼓励，打算拿更多种类的饭盒去碰碰运气，"试试看，能不能卖得掉"。不过，他们从不使用垃圾分类的一套语汇来言说这种情况，例如，他们从来不说饭盒被"分类"出来了，而是说以前这些饭盒都是"压在下面的"，现在"在上面，不压在里面了"。类似的情况还发生在运输途中，工人们注意到，分类项目后期垃圾总量显著变少了，他们说，有时候"车子堆得很满，很高"，现在"车子很空"。他们不会把垃圾减量直接联系到垃圾分类上，只是说，"这两天垃圾变少了。有时候多，有时候少"。垃圾当中出现的日光灯管，他们也没有特殊处理。不过，拿起和放下灯管的时候，变得小心翼翼了一点点。

总之，表面上看起来，清洁工人的行为几乎没有变化。他们固执地使用自己熟悉的语汇来描述垃圾分类带来的变化，甚至不会把这些变化归功于垃圾分类，至少不会言说出来。对于垃圾分类，实际上他们的理解也是矛盾的和观望的。一方面，他们担心垃圾分类会影响他们本来享有的把可回收物拿去售卖的利益；另一方面，他们又发现 EC 并不打算抢走这些资源，分类后可回收物的收集似乎更容易了。当然，这些他们都不会公开表达出来。因为他们清楚自己并没有太多商议的权利。

　　清洁工人的不配合以及表面同意但消极行动的反应令基层政府和环保组织束手无策。一个原因是，在政府和 EC 的垃圾分类蓝图中，清洁工人的主体性未被纳入考虑。那么，在本案例中，清洁工人的主体性是什么，又是如何影响垃圾分类项目的呢？

　　首先，清洁工人作为农民工，大多来自广东省外的农村地区。她们在 A 市没有正式的户口，也就没有正式的留居身份。换句话说，无论是 A 市，还是自己，都认为他们并不属于 A 市。像大部分农民工一样，他们在有劳动能力的时候在城市里打工，计划在老去后回到老家。理解了这一点，就不奇怪"保护家园""为了未来"这一类环保宣教口号，对于他们而言是空洞而无意义的。这里既不是他们的"家"，子孙后代也未必会在这里生活。这里只是一个出卖劳动力、赚取现金的地方。

　　与农民工的留居身份相关的是雇佣制度带来的劳动保障的问题。清洁工人既不属于 A 市，也不属于这栋写字楼，或者其他的他们每天打扫的社区。他们不但不是这里的居民，也不是这里的员工。清洁工人、保安人员的工种，大多采用劳务派遣制度。即他们属于劳务派遣公司，再由公司统一派遣到工作地。这种制度带来两个显著的结果。首先，进一步剥离了清洁工人与其清洁之地方的关系。而这种关系越弱，清洁工人就越是难以对这个地方的环境产生保护的意愿。其次，与劳务派遣的用工制度相伴的是缺失的劳动权益。作为劳务派遣工人，更容易面临欠薪、过度加班、失业、工伤得不到赔偿、无法享受合法的劳动保障而且申诉无门的问题。在这种情况下，自身权益而非自然环境就成了他们首要关心的问题。

清洁工人大多为女性。女性加上农民工的身份交互作用，使得她们的处境更加艰难。首先，在这里，虽然有男性清洁工人，但是清洁工人一般都被称为"阿姨"。当白领们发现这栋楼里有令人难以忍受的污浊，会立即召唤或投诉"阿姨"。处理垃圾被认为是"阿姨"的职责。可是当清洁工人工作的时候，例如带着垃圾袋穿过大楼、走进电梯，尽管这是清洁工作中不得不进行的流程，又会被视为入侵和不专业，遭到白领们的歧视和排斥。白领们似乎期待清洁工"阿姨"可以和垃圾一样，有效地、不留痕迹地尽快消失在这个空间。

清洁工人离开家庭到城市谋生，大多数情况下不得不和在老家接受教育的子女长期分离。如上文所述，我们了解到，他们长期首要关心的是自己的孩子。不得不作为农民工在城市打工，性别角色带来的"母职"无法实现。在这种身份体验面前，奢谈"环保是为了家园，是为了子孙后代"听起来就显得荒谬。回顾第三章所述的中产阶级社区的环保行动，有研究（陈晓运、段然，2011）提出女性在环保行动中挺身而出积极作为，是因为其作为女性、母亲的身份。对比清洁工人，可知这种分析对于女性和环境行动的关系分析，缺乏阶层的维度。同样是女性的身份，农民工女性首先面临的是"何处是我家"，以及家庭分离的问题。可见，女性的身份，以及其作为母亲的性别社会角色，并不必然导向环保意识和行动。

清洁工人看似对垃圾分类漠不关心，并不是因为他们只重视自己利益，不在乎环保或者这个城市。而是因为，环保者的垃圾分类知识，以及这种知识背后潜在的伦理和理论逻辑①，对于清洁工人来说是陌生和怪异的。这套系统的知识和实践，没有办法有机结合进清洁工人本身的知识系统。"站桶"对于这栋楼的白领们，还是一种教学、培训，对于工人来说，就像是不同语言、翻译蹩脚的对话。当然，在这栋楼里的各种场景中，这两种语言，也就是两套知识，是不平等的。清洁工人的知识被忽视，他们甚至没有权利要求"翻译"。他们理解这一点，所以保持沉默，什么也不说——即使在很多场景中，他们都被明确地邀请提出意见、问题、疑虑。当然，并不是说在项目中清洁工人没有任何改变。清洁工人处理垃圾的实践已经开始发生改变，他们比以前更加注意垃圾中可以售卖的物品，卖出更多的东西，而且，也开始注意到垃圾和自身健康之间的关系。

实际上，清洁工人有着自身的垃圾利用知识体系。循环利用的理念对清洁工人来说并不陌生。如前所述，他们已经在实践着垃圾分类和回收。只不过清洁工人是按照可出售和不可出售的标准来主动对垃圾进行分类的，通过现有的市场销售方式把各种可出售的垃圾挑拣出来并进行规整、储藏，把无法销售的垃圾统一运往垃圾中转站。清洁工人还掌握着即时、丰富又细微的市场知识，例如，市场上各种可回收材料价格多少、渠道是否畅通乃至卖之前如何有效分类、预先处理等。此外，清洁工人是最了解这栋写字楼产生的垃圾的人，对于租户丢弃垃圾的行为了如指掌，对于垃圾的数量、种

---

① 如上文描述"站桶"时提到的，我认为垃圾分类不仅是一种实践，还包括和这套实践相应的一套知识。而这种知识是基于一些特定的伦理和理论的，在下文中，我将重新回到这个问题，更加详细地解释这一点。

类、成分、变化掌握着第一手信息。例如，对于不同物品租户的使用和丢弃习惯是什么；人们一般何时丢弃何种垃圾到何处；什么设施最方便好用，什么设施过于麻烦、注定无用。这套知识固然不是环保主义的，而是清洁工人出于生计和利益的考量。然而，这套知识和相关实践有效地提高了垃圾回收率，减少了垃圾的产生，与环保主义的垃圾分类殊途同归。如果对于此类知识和实践善加利用，将其纳入垃圾分类体系，会令垃圾分类事半功倍。不过，环保者的垃圾分类知识及其表述对于清洁工人来说较为陌生，垃圾分类知识的表述以及教授方式都使得这些知识难以与清洁工人本身的经验和常识相融合。此外，在垃圾分类的知识和表述系统中，清洁工人的地方性知识被忽视，缺乏合法性。清洁工人对于这一点心知肚明。即使在很多场景中，清洁工人被明确地邀请提出意见、问题和顾虑，他们也总是保持沉默。清洁工人从来没有提及自己已经在做分类，也不会分享自己掌握的信息和经验。尽管经过培训的灌输，被要求背诵垃圾分类口诀，但在工作中清洁工人不会使用垃圾分类的话语来言说。加之清洁工人不得不被动服从物业公司的命令，没有权利过问工作安排，都使得清洁工人在垃圾分类实践中缺乏积极性和能动性。他们没有直接表达不满的权利，只能通过无动于衷、顽固不变、"听不懂"的方式消极处理。

5.4 垃圾分类的困难

5.4.1 阴谋论、素质论和"两公婆吵架"

本节首先检视当时 A 市提出的关于垃圾分类障碍的几种解释。

有反焚者持一种阴谋论。他们认为垃圾分类无法达到预期效果是为了给日后大举兴建垃圾焚烧项目做铺垫。假如垃圾分类运动以失败告终，日后面对任何对焚烧厂的质疑，就可以回应：不是我们不愿意对垃圾减量、资源化，只是这些都需要建立在垃圾分类的基础上，但是民众就是不愿意分类，所以只有靠焚烧解决"垃圾围城"的问题了。垃圾分类运动无疾而终的那一天，就是理直气壮建设焚烧厂的那一天。有笃信阴谋论的反焚者用武侠小说的故事来做比喻：为什么台北做得好，A市做不好？台北是裘千仞，A市就是他的弟弟——江湖骗子裘千尺。裘千仞的铁掌水上漂是真功夫，而裘千尺也托着一个铁塔在水上走，不过那个铁塔是假的，就是一个铁壳①。

　　我的观察并不能完全支持这种解释。首先，从城管委到基层政府，确实不乏对垃圾分类热情认真又全力以赴的工作人员。他们谈论垃圾分类时的熟悉程度、积极态度、投入的神情，尤其是为解决问题想出很多创造性的小点子②，都令人相信他们不只是打算做做表面工作。当然，也有城管委的工程师不看好垃圾分类，对垃圾治

①　裘千仞和裘千尺的故事，出自金庸的武侠小说《神雕侠侣》。两人是双胞胎兄弟。哥哥是真正的武林高手，会一门独特的功夫。而弟弟什么也不会，制作看起来和哥哥一样的道具，扮成哥哥去骗人。我的报告人用这个故事来讽刺A市模仿台北，实则以假乱真，挂羊头卖狗肉。
②　如上文提及的，有一个街道，为了解决居民晚上扔垃圾看不清楚垃圾桶颜色的问题，想出了一个办法，就是使用大小不同的垃圾桶。如此一来，在黑暗中，居民也可以凭着尺寸判断不同的垃圾桶。再比如，有的社区开始实施"垃圾不落地"，为了防止居民还在原先的地方扔垃圾，他们除了在这些地方放置一块告示牌之外，还改造原先的垃圾桶，在上面放上两盆醒目又美观的假花，以此提醒居民垃圾收运方式的改变。在整个运动中，诸如此类的创造性解决方案有很多。

理的路线持不同的主张。可以说，垃圾治理及其技术路线的选择是一个动态的过程，治理者也在观察和判断。如果分类无效，可能导向更多的焚烧设施的建设；反过来，如果分类成功，可能会导向更多的分类处理设施的建设。

另外，持阴谋论者还相信，垃圾分类并没有看上去那样困难，如果真想做是能做好的。然而，对于基层政府和环保组织的工作的观察表明，要说服居民做垃圾分类确实没有想象的那么简单——这意味着要一千多万 A 市居民更改其日常生活中一个根深蒂固的行为习惯，这变得更加麻烦而不是方便，尤其是，这是在当地尚无立法强制执行、几乎没有约束和惩罚措施的情况下。当然，如果有了强制立法，可能会有大相径庭的结果。

另外一种流行的解释是素质论，即 A 市民众尚不具备做垃圾分类的素质。从环保者到普通市民，再到媒体，这种说法在当地颇为常见。一位反焚者在一次聚会上笑说，"先把垃圾扔进垃圾桶里，再谈分类吧"。持此看法者相信，目前在 A 市，还有很多乱扔垃圾、高空抛物之类的现象。如果连把垃圾扔进桶里都做不到，就更不用说垃圾分类了。这种解释把扔垃圾的行为和文明、素质联系起来，认为居民需要达到足够的文明和素质，才可能开始做垃圾分类。正如国外一些城市市民垃圾分类做得好，正是因为他们"素质高"。

EC 的环保者们不同意这种归咎于居民的解释。他们认为，问题在于 A 市还没有完善的分类处理终端设施。目前，居民之所以不做垃圾分类，是因为他们知道做也是白做。分过类的垃圾，最终还是会被混合收运、处理。既然后端没有分类处理，那么前端做分类就没有意义了。事实上居民中确实常见这样的说法，自己本来做分类，看到清洁工人把分类后的垃圾混在一起收走，自己的积极性就被挫伤了。

垃圾管理部门也用同样的逻辑来论证为什么目前没有分类运输和处理——因为前端没有分类。有基层城管科工作人员解释，如果一栋楼里面，只有一家分类，那么环卫工人和司机就不可能为了这一家人而对所有垃圾做分类收运，这既没有必要，也不可能。另一位城管委工作人员则指出，不可能在分类尚未实现的情况下，盲目大举建设终端设施，"这些都是钱，不能硬上……否则就是劳民伤财"。此外各种设施还有待实验和评估，如果成本高而经济效益低，就算是可以有效处理垃圾，也不能盲目建设，对此他比喻："要会算账，不能豆腐花了肉价钱。"城管委没有否认会建设更多的分类处理设施，不过同时也强调，后端设施建设的速度要和前端分类的节奏相匹配，"太慢了也不行，太快了也不行——这是浪费"。总之，前端和后端相互观望，双方都有充足的理由不先迈出一步。EC 负责调研工作的 J 在走访全市社区调研垃圾分类状况一段时间后，沮丧地说，这就像"两公婆"（两夫妻）吵架冷战，无论中间人怎么劝，都在等对方先行动。

5.4.2　宝特瓶、利乐包、旧电池、剩饭菜：看不见的手

要想把垃圾分类这样一种理想的、环保的设计应用于现实的确是困难的。在现实社会生活当中，垃圾成分复杂，类别很难被一个标准化的系统所规定。更重要的是，垃圾里面包括什么，以何种形态出现，是否可回收、是否容易回收，很大程度上是由市场——包括商品和废品回收市场——决定的。市场就像一只"看不见的手"，

制造着、决定着垃圾。市场的逻辑在于尽可能取得更高的利润，而垃圾分类则基于环保的理念。很多情况下，生产和消费系统，与理想的环保的垃圾分类系统并不匹配。下文以可回收物和厨余两种垃圾为例，说明现实系统与垃圾分类系统的差异。

首先看可回收物。对可回收物的界定实际上是一个复杂的问题。理论上说，可被回收再造的就是可回收物。而现实中，这取决于本地的技术和市场①：本地有可以回收再造这种材料的技术，而且已经形成回收再造这种材料的产业，这种东西才能被回收。

一个可回收物明星是宝特瓶（PET 瓶）。这是因为宝特瓶容易回收、再造成本不高，作为纤维、填充物原材料的利润空间却很大。这就属于有技术又有市场的可回收物，回收率很高。但并非所有可回收物都如此幸运。有时候技术上一种垃圾是可再造的，但是本地并无回收市场。一个相应的例子是装牛奶的利乐包。利乐包含有铝箔、纸板，是极有回收价值的材料。利乐公司也曾在中国不遗余力地推广利乐包的环保回收。但是，由于利乐包由 7 层材料贴在一起制成，铝被两层塑料膜覆盖，纸板上有蜡质的涂层，实际上分解起来非常困难。有调查表明，在北京因为利乐包价格过低（0.3元/公斤），没人愿意回收，总回收率不到 10%（吴，2009）。所以，有回收市场的物品与理论上的可回收物，并不完全重合。市场以利润为导向，只计算经济性的成本收益，并不考虑环境成本，只

---

① 技术和收购市场，都是非常本地性的。不仅不同的国家有所不同，甚至在中国不同的地区也不一样。例如有的材料，在北京、河北是可以被回收再造的，但是在 A 市乃至珠三角地区并没有回收产业。这跟当地的产业结构、环境成本都有很大的关系。另外随着市场波动，回收产业也在变动当中。

回收易获取、附加值高的物品。另外，回收市场是迅速变动的，上半年价格高昂、企业争相回收的材料，可能下半年就因市场变化而乏人问津。

反过来，一些被列入其他垃圾的物品又是有回收市场的①。例如，在分类指引中，一次性饭盒通常被统一列为其他垃圾。实际情况相当复杂。市面上有数种不同的饭盒，有的材料实际上有回收市场，有的如一次性发泡材料则不可回收。另外，如果饭盒是有油污的，里面带着厨余，因为清洗需要成本，回收就变得困难，但是洁净的、整理好的饭盒就成了再造工厂欢迎的材料。

为了帮助市民辨别垃圾的种类，城管委为常见的垃圾出版了名录。然而，这个名录并不足以指导日常生活当中的复杂情况。首先，名录无法全面涵盖生活当中出现的各种物品②，例如一个坏掉的球，球有橡胶、皮革或合成材料等不同质地。此外，同一种物品的不同材料、不同性态，也决定了其是否可以被回收，例如打印纸可以被收购，但卫生纸不可以③；弄湿弄脏的纸张不可回收，而干燥干净的就可以④。由不同材质组合而成的复合物品，就更加难以判断，例如一个包括花盆、泥土、石头和植物的盆栽。

---

① 这些可以被回收而没有被列入可回收物的物品，有可能是官方并不了解情况，也有可能是回收再造会带来污染，属于非法回收。

② 对于这个难题，像日本那样做出更全、更细、覆盖市面上所有可能材料的名录是一个选择。不过这个方法在 A 市是有难度的：首先，名录过细会导致居民更加没有耐心查阅；其次，中国有各种小作坊、山寨品、非正式制造厂家，其产品更新也很快，也很难出一份足够全的名录。

③ 普通的纸张可以被回收再造，这是一个常识。但是卫生纸是不可回收的，这是因为纸巾的水溶性过强，目前没有成熟的回收再造技术可以处理。

④ 一般而言，弄湿弄脏的纸张可能因为含有太多其他物质，而且难以分离、纯净度太低而无法作为再造的原材料。

还有一些物质，其类属具有高度的争议性。一个有趣的例子是旧电池回收。A 市一所小学开展环保教育，要求学生们把自己家里用过的旧电池收集起来。孩子们热情高涨，活动圆满成功。可是最后学校发现，收集到的大量电池，既没有政府部门也没有厂家接收，只好放进仓库。对于满怀环保热情、坚持收集废旧电池的市民，城管委一再强调：普通一次性干电池不属于有害垃圾，请大家不要再收集了！零散的电池分解释放微量的物质，不会污染环境，倒是大量集中起来的电池分解出来的重金属，超过环境容量，容易造成污染。① 这个现象的有趣之处在于，回收电池一直都是一个具有标志性意义的环保行动。当这个行动被评价为错误的，甚至被呼吁"不要再做了"，不仅仅给民众造成认知的混乱，还会造成积极性的挫败和打击。

可回收物除了难以辨别，另外一个问题是难以分解。在商品制造阶段，制造者往往只考量自身的成本收益设计产品，不会考虑回收的便利。例如一个数层包装的月饼包装盒，塑料和纸质的部分粘在一起，又紧紧卡进金属盒，甚至需要用工具才能拆分。又如 A 市常见的新年装饰用的金橘树，有花盆、树木、纸包、泥土，如果不使用工具很难将其拆解。

实际上，A 市的市民们已经在践行着"能卖拿去卖"。卖废品的实践一直存在，只是被看作老旧又日常的生活习惯，没有被环保主义的话语来言说。换句话说，人们会说卖可回收物是因为节约或

---

① 当然，对此仍有争议，有环保者坚持认为，一次性干电池被当作普通其他垃圾处理的做法是错误的，无论如何，干电池都会释放危害环境的有毒物质，因而应该属于有害垃圾。

为了赚钱，而不是环保 。推行垃圾分类后，看起来垃圾回收的比例并没有显著提高。垃圾回收的比例无法进一步提高，问题不在于居民的行为，而在于占主导地位的市场。如上所述，这个非正式经济系统以利润为导向，所以只回收价值高的材料，而不会主动扩大回收范围。政府一直试图收编城市当中的回收大军，将其纳入一套正式的、可监管的系统，但是苦于没有可行的方案，一些尝试性的计划也没能彻底全面地收编和监管。①

再看厨余垃圾的例子。事实上，A 市已经有数种处理厨余垃圾的技术，包括家用小型厨余垃圾处理机。这种家电像电冰箱或者洗衣机，能够把倒入其中的厨余垃圾快速变成肥料。还有一种中型的厨余处理机，可以在社区和农产品市场使用。昆虫研究所的科学家，还有几家私营企业，已经研发出来使用昆虫消除厨余垃圾的技术。其原理就是让昆虫食用厨余垃圾，然后把昆虫本身制作成肥料或者动物饲料。在 A 市，城管委下设的研究所还有一个大型的厨余垃圾处理技术研究项目——生态循环堆肥厂。这个研究旨在开发大规模的堆肥生产线，最高日处理量可达 100 吨。虽然还有一些技术问题没有解决，例如未完成除臭环节、故障率高，但这个项目获得环保者的大力赞赏。

---

① 收编困难，是因为这是一个高度自由和灵活的系统。首先，在这个回收网络当中，个人、小型和中型的回收站点大多数都是没有注册的，没有被政府纳入管理。其次，这个领域的从业者大多数都是外来打工者，因为在 A 市没有户口，也就没有一个正式的从业身份，所以也难以统计和监管。最后，这些回收者自己有一个自然形成的、灵活的、变动中的势力范围和一张基于非正式关系的管理网络，例如老乡、熟人网络，而不是正式注册的公司、组织。如果收编他们，会触动和破坏他们既有的利益分配格局，想要人为切割、重新划分他们的势力范围，也难以得到他们的认同。

不过，虽然上述技术已经实现厨余垃圾的无害化处理，但是由于没有产业化，所以还不能在 A 市全面应用。如果要产业化，需要上下游的顺畅，即可以顺利拿到原材料，产品也可以顺利销售。其实现目前尚存在不小的困难。因为家庭垃圾分类还没实现，而餐饮业的厨余垃圾已有非正式系统收购，厨余处理设施拿不到更多的厨余垃圾作为原料。此外，对于大型厨余处理设施或企业来说，要拿到大量的厨余，还需要跨区存储、运输的合法资质。即使拿到原料，生产出来的产品，例如肥料、饲料，又面临合法的销售资格和认证的问题。对于这些产品是否属于有机、绿色产品，是否足够安全，甚至是否可以称为肥料，还需要得到政府农业部门的认证。然而，以垃圾为原材料，可能意味着不够安全、卫生，农业部门对这种产品还持保留态度。另外，虽然环保人士大力赞赏这些技术，但是政府对于堆肥技术也存在疑虑。一方面，堆肥技术工业化程度完全不及焚烧技术。堆肥虽然适用于农业社会，但是适用于现代化城市的规模化堆肥技术，还有待发展。至少目前在全球范围内，现代化大都市当中大规模使用堆肥技术的虽然存在，但并不普遍。另一方面，城管委有工程师还担心，如果每天产生的巨大数量的肥料没有顺畅的销路，也会造成肥料的过度堆积。虽然这种担心被环保者认为是毫无必要的，但是，无论如何，政府不愿贸然支持这些厨余处理技术。

回顾本节的两个例子，可回收物受制于市场和技术；厨余问题则更加复杂，目前有处理技术，但是缺乏市场。如果想推动厨余处理产业化，还需要政策支持，以及让企业有利可图。环保者期望为这些企业扫除阻碍，然而政府对此类技术心存疑虑。这种情况下，缺乏后续处理部门，却要求把厨余垃圾分出来，就很难被市民理解和执行。

现实的垃圾分类系统，与一个理想化的垃圾分类系统存在差距，这就使得垃圾分类难以有效顺畅地施行。尤其是对于普通消费者来说，垃圾分类的设计，过于强调居民作为垃圾制造者的身份，试图通过干预居民的行为来解决垃圾问题。而现实中垃圾是被生产、消费的经济系统，加上回收系统所共同规定的。在这种情况下，不试图改变鼓励制造垃圾的经济系统，而仅仅强调居民的行动，可能令普通民众感到混淆、无能为力、无所适从。有研究者（Hawkins，2006）认为，有关垃圾的环保主义宣传之所以令人厌恶，是因为这种宣传用可怕的污染和末日的未来图景恫吓普通民众，而当民众一旦发觉自己"无能为力"，会产生更加强烈的挫败感和对环保的抵触情绪。在本书的案例当中也是如此，一方面是对民众作为消费者和垃圾制造者身份的强调，另一方面是难以习得的、极易造成混淆的分类方案的推行，其结果是民众的积极性迅速消退和消极应对。

5.4.3　作为一种知识/伦理的垃圾分类

在整个垃圾分类运动当中，"站桶"这一行动具有一种标志性的意义。通过上文对"站桶"经验的描绘，我试图呈现垃圾分类的教与学双方的微妙互动以及细微态度，由此揭示分类这一个瞬时的小小动作实际上包含的复杂实践和关系。事实上，一直以来，垃圾分类教授的，是一套对于普通市民来说和常识不同的、全新的知识。这套知识/实践至少包括以下多个部分。

- 垃圾是需要被分类的：

    ○ 分类是为了被分类处理；

    ○ 分类处理是为了更加环保，减少污染。

- A 市的垃圾共分为几类，分别是什么：

    ○ 可回收物；

    ○ 厨余垃圾；

    ○ 有害垃圾；

    ○ 其他垃圾。

- 各种垃圾属于什么类别，如何判别：

    ○ 取决于其材料；

    ○ 取决于现实中存在的回收市场；

    ○ 取决于处理技术；

    ○ 以城管委的规定为最终标准；

    ○ 一些常见物品和特殊物品，可死记硬背记住它属于什么类别。

- 分类如何操作：

    ○ 首先单独存放有害垃圾；

    ○ 接下来把可回收物和其他垃圾分开；

    ○ 然后把厨余垃圾和其他垃圾分开；

    ○ 最后丢弃其他垃圾；

    ○ 如果一份垃圾混合了不同类别的垃圾，或者一个复杂的物体包括不同的部件，其部件分属不同类别，则需要分解、拆卸，各归其位；

    ○ 丢弃垃圾不是一个一秒钟完成的动作，而是一套分辨—处理的行动，需要注意力和时间；

　　○高峰时期丢弃垃圾可能需要排队、耐心等待。

- 分开后的处理动作：

　　○有害垃圾单独放置、单独收集，每隔一段时间集中丢弃到特定地点；

　　○厨余垃圾倒进专门的厨余垃圾桶，需要注意保持其纯净，把可能混入其中的其他垃圾挑拣出来；

　　○可回收物集中收集，如果不干净的话需要清洁，保持其干燥，干净，以便回收然后拿去售卖；交给回收者，或者弃置在可回收物桶中；

　　○其他垃圾才是"真正的"垃圾，可以丢弃在其他垃圾桶。尽量码放整齐，减少使用空间。

　　一个有趣的问题是当面对日常产生的垃圾，为什么 EC 的人，包括我，可以很容易地判断其类别，而对于居民和清洁工人来说却没有这么容易？这正是因为，垃圾分类知识/实践是一个系统，这个系统基于一些特定的理论和与之相关的伦理。EC 之类的环保者，对于这套理论已经非常熟悉。

- 对垃圾的注意和对物质生态循环的理解：

　　○垃圾不会自动消失，在我们丢弃后依然存在；

　　○垃圾中的各种物质最终会以不同的形式重新回归生态系统，这可能带来污染。

- 对垃圾去向及其处理方式的理解：

　　○垃圾在被丢弃后会进入处理设施；

　　○目前的终端处理设施包括填埋和焚烧。

- 理解每种垃圾实际上对应着一种处理方式，这些处理方式是什么：
  - 可回收物 - 回收再造；
  - 厨余垃圾 - 堆肥或者其他处理方法；
  - 有害垃圾 - 特殊处理设施；
  - 其他垃圾 - 终端处理设施。

第三条认知是一个关键，因为垃圾分类的推动者理解这种对应关系，就会觉得垃圾分类的知识是自然的，这些知识像常识一样容易接受和掌握。当然，这不仅仅是因为他们有上述的理论准备，还因为，这种理论准备是和一系列伦理相互对应和勾连的。

这些伦理首先基于环保主义，即环境保护（包括节约能源、减少污染、可持续发展等）是我们所追求的价值，我们应该通过个人行动尽量达到更加环保的目标。具体到垃圾问题上，这套伦理包括两点。

- 垃圾环保主义（对应于生态循环理论）：
  - 我们产生的垃圾并不因为丢弃就和我们无关，我们应该对产生的垃圾负责，有责任为了达到环保的结果改善有关垃圾的实践；
  - 我们应该尽量减少垃圾产生，一方面，尽量防止更多物质变成垃圾，另一方面，尽量把已产生的垃圾变回可被使用的物质资源；
  - 我们应该尽可能地减少垃圾对环境造成的污染；
  - 我们应该尽量减少对地球有限资源的开掘和浪费，充分利用已经采掘的物质，实现可持续发展。

- 基于垃圾环保主义对不同处理方式的价值判断（对应于垃
  圾处理理论）：
    - 回收再用是与珍惜资源、可持续发展相对应的，是最
      佳处理方式；
    - 堆肥等对厨余的再利用处理，一方面可以减少资源浪
      费，另一方面可以减少厨余对其他类别垃圾的污染，
      有利于这些物质的回收；
    - 填埋和焚烧是较次的选择，因为直接销毁垃圾当中的
      资源，再利用程度最低，浪费程度最高，而且处理过
      程最容易造成污染。

　　基于以上的价值判断，就不难理解相应的针对垃圾的 3R 行动
准则，即：减少（Reduce）、再用（Reuse）、再循环（Recycle）。
环保主义者和普通市民的相遇，实际上是具备这套知识/实践的推
动者和不完全具备这套知识的民众对话的互动过程。垃圾分类的推
动者试图向民众传递这种知识。然而时间和机会有限，加之不具备
强制力，推动者们只能部分地传达这些知识。这实际上是一种对于
垃圾是什么，即垃圾物质性的重新界定，以及人和垃圾关系的全新
理解。对于民众来说，这套知识无法和常识迅速融合，这套实践也
不能马上整合到日常行动中。

　　经济人类学家认为，人们如果想要接受和践行一种新的知识/
实践，至少需要在以下三个维度上有动力：道德的动机、社会—政
治的压力，以及物质或经济的激励。三者共同决定或影响人们的行
为，缺一不可（Wilk and Cliggett，2007）。以之检视垃圾分类项目，
无论是政府的，还是环保组织的，会发现它们都尚未同时在三个维

度上对市民做出有效激励。垃圾分类项目最不缺乏的就是道德激励，如上文所示，垃圾分类不断推行、言说的就是一套环保主义新伦理。但是在政治上和经济上，A市尚未给市民足够的动力、压力，正面或负面的刺激。环保组织没有权力要求民众进行垃圾分类，更没有物质惩罚的权力，能做的只有奖励。甚至，对于资源匮乏的小型环保组织来说，给配合垃圾分类的居民持续颁发足具吸引力的奖励，也不总是持续可行的。政府有权力和资源在政治和经济的维度上有所行动。A市政府已经在考虑垃圾分类立法和相应的奖惩制度。在具体的执行当中，还有一些需要解决的技术难题，例如经济奖惩的金额、方式，立法后哪些部门及人员来执行、监督，谁来实施惩罚。不过，这些正在施行中的改革也有理由令人对于未来垃圾分类的推行保持一些乐观。

5.5 小结与分析

本章描绘了A市的垃圾分类运动。环保者认为垃圾分类有助于抑制垃圾焚烧项目扩张、推进环保的垃圾管理方式。当地政府把垃圾分类视为优化垃圾治理的重要方案。二者在不同的层次上推动着垃圾分类，并产生了新的互动。本章首先介绍A市市政府是如何开展垃圾分类的，接下来检视了一个环保组织的垃圾分类项目，并分析各个行动者如普通市民、白领、清洁工人是如何被卷入其中的。

在尚未全面立法的背景下，无论是政府还是环保组织，都逐渐意识到推动全面垃圾分类并非易事。垃圾分类本身也成了一场社会实验。在这场实验中，设施得到了重视和强调。推动者寄望于随着设施的优化和更新，民众的行动就会改变。而人们顽固地把新的设施当作旧的来用，这种模糊的期望就被挫败了。宣传也被寄予厚望，推动者投入大量的精力和资源，设计、制作、投放宣传品，期待可以通过环保宣教劝导民众改变其行为。事实证明，宣传品虽然有助于传达垃圾分类的信息，但在人的具体行为的改变方面作用有限。垃圾分类是人的工作，最有效的方式是"站桶"，即面对面地教授和监督。

在回顾了既有的解释后，我试图理解为什么推动垃圾分类是困难的。垃圾分类是一系列基于一种新的伦理的知识和实践。这套理想的知识/实践与现实运行的垃圾物质与经济系统尚不能够完全匹配。这套知识与普通民众的知识存在断裂，尚未融入普通民众的日常生活实践，又缺乏道德、政治、经济三个维度相互配合的激励机制。人民变成环境宣教的对象，主体性和能动性尚未得到充分的发挥。

垃圾分类如果仅仅靠环境宣传教育，为何是成效不彰的？一方面，正如一位 A 市居民所言"我怎么扔垃圾，是我自己的事"。改革开放以来，国家逐步放开对于私人生活的直接指导，这带来了民众的个体化和私人生活的变革（Yan，2003；Zhang and Ong，2008；Hansen and Svarverud，2010）。垃圾分类的任务和指标可以在政府系统当中层层下达，但是到了家庭内部，针对丢弃垃圾这一微观行为，就较难直接干预。

另一方面，对于环境污染的治理，国家部分地将解决方案和话语权交给科学。民众容易得到一种印象，环境问题都可以由科技加市场开发来解决，甚至应该主要依靠科技和市场来解决。对于垃圾问题，如果将全部筹码压在焚烧技术上，指望它一劳永逸地解决所有问题，这就取消了民众在环境问题方面的责任和能动性——焚烧垃圾是如此方便的技术，甚至可以发电，那么我们为什么还需要改变生活方式，减少生产垃圾和分类？理解这一点，就不会对垃圾分类阴谋论的叙事感到奇怪。

垃圾分类运动的困难，也折射了民间环保的进步性和局限性①。一方面，环保者确实对垃圾提出了新的理解及替代性的解决方案。他们生产了一种新的知识，打破了占主导地位的技术对于垃圾问题的霸权性的界定。另一方面，他们也面临着推动和应用这套知识的困难。他们在行动中不乏对于"必须大量制造垃圾"的市场、消费文化的反思和批评。但是，过于强调民众制造和丢弃垃圾这一个环节，而没能形成一套明确的话语，重新言话"垃圾是什么"。

---

① 正如本书第一章导言中所言，在垃圾污染及其治理的问题上，我不回避自己的倾向性和立场。所以，在这里我有意识地使用"进步性"这样具有价值倾向的词汇。"进步性"对于我而言，意味着以环境正义的方式解决垃圾问题。

6

结论

本书试图以 A 市为例，分别从垃圾问题的社会根源、针对垃圾污染的环保活动、围绕处理技术的科技争议、垃圾分类作为治理新举措等方面，呈现当代中国废弃物作为社会/环境问题及其治理的一个切面。在回顾垃圾污染的社会根源（第二章）之后，我以 A 市为例，从三个方面讲述当代中国这场针对废弃物的"垃圾之战"——相关技术的科技争议（第三章）、环保组织对于垃圾治理的参与（第四章）、垃圾分类运动（第五章）。在这些章节中，我既分析社会行动，也分析作为社会事实的垃圾，以及二者的动态关系。

作为全书结论，我回到垃圾，再思考垃圾问题及环境问题的解决之道。首先，本书试图再理解废弃物的物质性。垃圾，与其说是本质化的一种物品，不如说是一个复杂稠密的动态范畴，在其中，国家、市场、科学技术、居民、环保行动者等多个行动者共同生产、竞争、建构着垃圾的定义。

借用拉图尔的 ANT 作为工具，我把垃圾现象作为一个复杂动态的行动者网络，把有关垃圾的人类行动者（不同的社会群体、机构、个人）和非人（不同种类的垃圾、技术、设施）都视为这个网络中具有能动性的行动者。回顾全文，这个网络包括十大行动者（A）商品生产企业：垃圾实际上的生产者，生产者使用的材料、设计、工艺，都决定了垃圾的内容，也决定了垃圾处理技术的方向。（B）居民：垃圾的直接制造者。（C）政府垃圾管理系统，包括：①市政府，城市垃圾管理的决策者；②城管委，负责处理垃圾的部门；③垃圾收运的系统，"垃圾桶—运输车—垃圾中转站—垃圾终端处理设施"，执行者是城管委、清洁工、运输车司机。（D）废品回收系统：收废品的人、拾荒者、废品回收站、废品再造企业。这个系统决定了什么是垃圾中的可回收物。（E）垃圾处理企业，包括：①特殊垃圾处理企业，以专门处理某一种垃圾（如电池）为业务；②终端处理企业，运营政府的大型垃圾处理设施，例如焚烧厂；③生产垃圾处理设备的企业，如制造厨余垃圾堆肥机的企业。（F）垃圾处理技术：科研机构研发垃圾处理技术。当然，新技术的开发不仅限于科研机构，企业也有着强大的科技开发能力。垃圾处理技术，技术的成熟度、产业化程度，影响着政府的决策和企业的选择。（G）焚烧厂周边居民。（H）环保组织。（I）垃圾及其包含的物质、转化的物质如二噁英。（J）生态环境，和商品生产企业、垃圾处理企业进行着物质交换。

基于上述行动者的梳理，可以绘制一个当代城市垃圾的 ANT 图（见图6-1）。其中空箭头代表垃圾的物质流动，和前文"垃圾的社会生命"路径相同。双向箭头代表相互之间的影响力。虚线框为处理技术，终端设施为技术的物质实体。这个图看起来较为纷乱复杂，呈现了现实中共同界定废弃物的诸多互动性的因素。

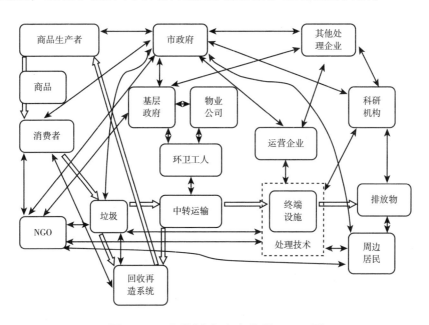

图 6 - 1   当代城市废弃物的 ANT 图

行动者网络展现了垃圾物质性的两个方面。

第一，垃圾作为一种"能动之物"，其性质和特征，影响着整个网络：垃圾的数量决定了国家的垃圾治理实践，其内容和特性又决定了什么样的处理设施应该被采用、什么样的技术不适用。A 市的垃圾当中厨余垃圾的特性（水分大、热值低）和占比（占总量一半以上），导致了焚烧技术被挑战（更容易生成二噁英），而这又导致了垃圾分类运动的推行，推动本地一批厨余垃圾处理技术的开发。垃圾焚烧产生的污染物二噁英，造成了周边群众的健康威胁，激发了反焚运动。

第二，什么是垃圾又是由整个网络动态决定的。垃圾是一个边界开放的范畴，商品生产企业、政府、消费者、环保者、垃圾处理技术、回收市场，在其中共同界定、竞争着什么是垃圾、什么不是。例如，垃圾焚烧技术的实现，使得垃圾可以被大量、快速、高效焚烧；回收系统的收缩或扩张，则决定了有多少垃圾会被回收，有多少成为"真正的"垃圾；而垃圾分类运动，又带来了一套新的垃圾的定义和分类的知识，垃圾不再是均质的东西，而是可以被分门别类的物质，而分类的划分和践行，又决定了什么是最终的垃圾。

透过垃圾的 ANT 分析，可做如下反思。

第一，在 ANT 与政治生态学的视角下，重新理解科学技术和环境问题之间的关系。人们普遍认为技术是解决环境问题的良方。如以往研究未经反思地视垃圾为一个需要解决的环境问题，而技术是这个问题的解决路径。实际上，技术固然是为了处理垃圾而生的，但垃圾本身也受到了技术的界定，技术与垃圾之间的存在是互相建构的关系。换句话说，技术不但解决环境问题，还建构这个问题本身。举例来说，焚烧技术可以无差别地处理所有的垃圾，这就把垃圾界定为一种东西。而厨余处理技术则强调垃圾当中的有机物和其他部分是不同的，应该被单独拿出来处理。回收技术则决定了什么东西是可回收的，不是真正的垃圾。进一步地，我们可以就此反思对于技术的理解，技术并不仅仅是对环境问题的解决，技术也在界定着这些问题，技术并不外在于其针对的问题。所以，环境问题不能被化约为一种仅仅与自然环境有关，因而仅仰赖技术就可以解决的问题，环境问题总是一个社会问题。

第二，还可以本案例反思 ANT 理论及方法。ANT 可以帮助有效地分析垃圾议题，其局限性也相当明显，如前所述，首先，ANT

把所有要素置于平化的网络，弱化了人类社会当中政治经济的不平等关系。如本书第三章所呈现的，环境运动的成功很大程度上得益于行动者的社会与文化资本，但是以环保之名的行动有可能再造一个不平等的城市空间。其次，ANT 将所有行动者的影响力视为均等的。本书第五章对于垃圾分类运动的分析显示，实际上商品生产企业以及回收产业、垃圾处理系统，对于垃圾都有根本性的界定作用，如果只试图改变消费者个体的行为，则难以达至更为环境友善的废弃物治理。所以，应该批判地使用 ANT 的方法，在分析各个行动者的同时，还应注意到整个政治经济结构，以及由此衍生的不平等的社会关系。

此外，在以上 ANT 分析的基础上，还可以进一步反思环保行动的有效性、局限性，以及垃圾治理的解决之道。综观本书的案例，反焚者对于科技的挑战是相对有效的。不仅指出了焚烧技术的风险，还超越技术讨论本身，把争论引向更为普遍的垃圾治理和环境保护问题。也就是说，他们不是仅反对这项技术，还对垃圾问题本身进行了再界定。他们生产有关本地垃圾的新知识，提出其他的解决方案。这就挑战了科学技术对于垃圾这个环境/社会问题的话语霸权。这种霸权把垃圾问题界定为一个技术问题，试图通过技术来化解污染的危机。环保者指出，焚烧技术不是唯一的解决之道，科技也不是！只有更加环保的综合的垃圾治理方案才能从根本上解决垃圾的污染。

不过，环保者致力于推广一种基于新的环保伦理的知识和实践，却面临更多困难。如前所述，垃圾的制造，是一个贯穿生产、分配、消费（丢弃）、再生产的过程。这些环节上各个行动者共同决定了什么会变成垃圾，有多少垃圾会被制造出来。其中有两个决定性的、与市场有关的行动者。第一个，商品制造者，他们使用什么材料、如何制造，对于垃圾的产量、性质、成分具有决定性作用。以利润而非环境为导向的过度生产，推动了大量购买、大量丢弃。生产者为了降低成本而制造大量廉价的、不可降解的包装物。第二，回收再造技术和回收市场，以及终端处理技术决定了什么是"真正的"垃圾。如果不加引导，垃圾的回收和处理可能仅仅关注眼前的短期利润，未必会主动向生态环境可持续的方向努力。① 环保主义倡导的垃圾分类运动、零浪费生活运动，着眼于干预消费者的丢弃行为，这种做法意图良好，但是基于一种理解——消费者是垃圾的制造者。这种对废弃物的理解着重强调垃圾与消费者的关系。而仅仅干预网络中的这一部分，就无法有效改造整个社会垃圾制造的系统及实践，也会令消费者感觉无所适从。因为，消费者作为一个社会成员，其生活实践本身是嵌入经济的、社会的系统里的。基于对垃圾分类的观察，可以做出反思。一方面，需要承认个体的能动性，消费者行动确实可能对生产系统产生不可低估的影响；居民微观行动的进步也确实可以有效地改善生态环境。另一方面，对于系统性生态环境问题的改善，仅仅强调个体的努力，可能效果有限，甚至适得其反。对于环保的道德宣教，个体一开始会受到感召，随后可能会感到受限、无能为力、挫败而止步不前。

---

① 这并不是说环保组织没有发起过针对制造企业和回收体系的行动。事实上，EC 和零废弃联盟的其他成员，都有过相关行动。不过，与针对焚烧技术、消费者的一套相对成熟的叙事和行动方案相比，针对市场的方案、话语的发展仍旧是初步的、不充分的。

　　ANT分析的一个启示是只干预网络的局部是不够的，需要针对网络上的各个行动者采取努力。更具体地说，除了将环保的知识与伦理带给治理者和消费者之外，还应该兼顾这个网络上的其他决定性行动者，影响作为垃圾/商品制造者的企业、资源回收和垃圾处理产业、对于垃圾具有决定性力量的市场。例如，EC曾经试图反对本地知名企业对商品的过度包装，也曾经针对国际知名商品中的塑料颗粒进行过倡议。这都是必要的尝试，有待形成明确的话语和方案。当然，以一个环保组织之力，想要扭转以利润为导向、无休止地鼓动大量丢弃的市场无疑是困难的。环境保护还需要更广泛的社会参与。事实上，我国已有环保组织开始关注农村的垃圾治理与分类。而循环经济产业体系中的收废品的人、拾荒者，垃圾分类项目中的清洁工人，都是值得关注的社会力量。

　　此外，ANT分析强调垃圾及其衍生物的能动性的启示是仅仅把垃圾及其处理设施清除出社区，以清洁工人的劳力维系一个梦幻的、干净整洁、一尘不染的社区或空间是不够的。仅仅把垃圾从城市中心转移到周边，把垃圾设施的污染排放在农村，维系一个光洁亮丽的城市人造景观，也是不可行的。垃圾是生态问题，不能仅仅被理解为城市治理问题，如果想要解决垃圾，还要联结城市和农村。城市中心主义的恶果是，农村既是城市的食物供给者，也接纳城市的垃圾。换句话说，农村既是粮田，又是垃圾倾倒场。这样的情况是讽刺的：广大农村地区缺乏垃圾处理设施，却不得不消化城市的垃圾及其污染物。然而城市没有绝对的"外面"，生态循环、垃圾以及二噁英总会出其不意、卷土重来，一味掩盖、排除、消灭只会带来新的问题。污染治理，需要统筹城乡、兼顾城乡需求。总而言之，唯有城乡统筹考虑，才能真正走上生态环保和环境正义之路。这不仅仅适用于垃圾问题，也同样适用于其他环境问题。

A市近年针对垃圾展开的环保行动，无疑是中国环境保护史上的重要一章。针对垃圾的环保活动，首先是一个"再发现"垃圾的过程。在这一过程中，环保者、政府、民众日益认识到垃圾是一个无法回避的环境/社会问题。其次，这是一个"再界定"垃圾的过程。在这一过程中，什么是垃圾、应该如何处理、什么样的技术是好的、为何分类、如何分类，成了被追问、被言说、被讨论、被争议的。新的视阈和知识、共识和争议在纷纭众说中凝结。在这一简短的、尚在发生的历史的过程中，我们看到了地方环保者挑战霸权性的科技，重新生产知识和叙事。在环境治理上，进入具体的技术路线选择、选址等细枝末节的技术讨论之前，正需要这样对环境问题本身的再定义、结合地方居民知识和体验的再表述。环保者还抓住了契机，成立环保组织，持续参与环境治理，使得针对垃圾的环保行动得以成为长远的事业。然而，我们也可以看到，雨后春笋般成立的环保组织也逐渐科层化，具体而日常的项目、行政工作和企业思维日益取代了最初的远大愿景；在大城市、高档社区以更高的成本和能耗努力维系其光洁环境的同时，作为整体的生态环境承受着代价。环保组织唯有突破局限，深刻地意识到自己与农民、工人的一体性，才能令环保主义福泽普罗大众。也唯有如此，我们才能够不仅仅将垃圾视为科技的对象、令人厌恶之物，更将其视为促使我们批判资本主义生产方式，反思现代性生活模式和风格，重新想象我们与其他社会成员、与生态环境关系的活力之物。

参考文献

中文

徐咏虹，2013，《在全市生活垃圾分类处理阶段总结暨在动员大会
上的发言材料》，7月10日。

陈辉，2009，《李坑癌症发病率没出现异常变化》，载《羊城晚报》
12月12日。

陈晓运，2012，《去组织化：业主集体行动的策略——以G市反垃
圾焚烧厂建设为例》，载《公共管理学报》第2期。

陈晓运、段然，2011，《游走在家园与社会之间：环境抗争中的都
市女性——以G市市民反对垃圾焚烧发电厂建设为例》，载
《开放时代》第9期。

陈信行，2009，《二十年来台湾工运中的知识与实践的矛盾》，载
《台湾社会研究季刊》第6期。

陈政亮，2014，《从RCA案例看流行病学》，载林文源、杨谷洋、
陈永平、陈荣泰、骆冠宏主编《科技/社会/人2：STS跨领域新
挑战》，新竹交通大学出版社。

仇玉平，2007，《世界七成电子垃圾进入中国影响可持续发展》，来源：互联网 http://news. sina. com. cn/c/2007 - 03 - 21/1615125765 93. shtml，2013 年 12 月 25 日登入。

郭巍青、陈晓运，2011a，《风险社会的环境异议——以广州市民反对垃圾焚烧厂建设为例》，载《公共行政评论》第 1 期。

广东省现代社会调查与评价研究院，2014，《广州市垃圾分类公众动员效果调查报告》，来源：互联网 http://www. sharpenresearch. cn/index. php? r = default/column/content&col = 5&id = 106，2014 年 10 月 25 日登入。

横县垃圾综合治理项目团队，2013，《横县十年：垃圾综合治理的实践总结》，知识产权出版社。

洪大用，2007，《中国民间环保力量的成长》，中国人民大学出版社。

黄俊、余刚、钱易，2001，《我国的持久性有机污染物与研究对策》，载《环境保护》第 11 期。

黄强、李晓、曾锦波，2012，《垃圾焚烧发电中二噁英的形成》，载《工程设计与研究》第 6 期。

赖立里，2011，《农村生活城市化之下的垃圾问题》，载《云南师范大学学报（哲学社会科学版)》第 2 期。

李国刚、李红莉，2004，《持久性有机污染物在中国的环境监测现状》，载《中国环境监测》第 4 期。

廖正品，2002，《中国塑料工业发展现状与未来》，载《塑料工业》第 4 期。

林国桢、杜琳、任泽舫、李科、刘翔翊、周琴、张杏花、潘冰莹、董航，2011，《广州市某垃圾焚烧所致"癌症村"的 6 年回顾性队列研究》，载《2011 年全国环境卫生学术年会论文集》。

林劲松，2011，《垃圾焚烧厂选址引发的风波，搅动着广州市》，载
　　《南方都市报》7 月 6 日。

刘华真，2009，《重新思考"运动轨迹"：台湾与南韩的劳工与环保
　　运动》，载《台湾社会学》第 16 期。

卢蕙馨，2011，《言语道断——佛教女性研究的反思》，来源：互联
　　网 http://www. ioe. sinica. edu. tw/chinese/seminar/111118 – 19/
　　sch edule_ 111118 – 19. htm，2011 年 12 月 22 日登入。

陆璟、成小珍、黄熙灯，2011，《A 市垃圾分类四大试点社区调查：
　　已"打回原形"》，来源：互联网 http://news. dayoo. com/guang-
　　zhou/201102/20/73437_ 15290320. htm，2014 年 9 月 30 日登入。

马克思，2004，《资本论（第一卷）》，中共中央马克思、恩格斯、
　　列宁、斯大林著作编译局译，人民出版社。

彭争尤、杨小玲、郭云，2002，《我国食品被 POPS 污染现况及斯
　　德哥尔摩公约》，载《明胶科学与技术》第 1 期。

全杰，2012，《3 年建 6 座热力资源电厂》，载《广州日报》4 月
　　19 日。

任东华、武超、沈建康等，2010，《生活垃圾焚烧烟气中的二噁英
　　对大气环境影响评价》，载《科技信息》第 29 期。

世界银行东亚基础设施部，2005，《城市发展工作报告——中国固体
　　废弃物管理：问题和建议》，来源：互联网 http://www. doci
　　n. com/p – 35920185. html，2014 年 2 月 28 日登入。

施敏芳、邵开忠，2006，《垃圾焚烧烟气净化和二噁英污染物的控
　　制技术》，载《环境科学与技术》第 9 期。

孙莹，2013，《广州市人大暗访垃圾分类：基本没分》，来源：互联网 http://wen. oeeee. com/a/20131108/1080149. html，2014 年 9 月 30 日登入。

田爱军、李冰、张新玲，2008，《生活垃圾焚烧烟气排放中二噁英对人体健康的风险评价》，载《污染防治技术》第 6 期。

腾讯嘉宾访谈，2010，《史上最牛环保妹妹：我们要发出反对的声音》，来源：互联网 http://news. qq. com/a/20100305/004377. htm，2014 年 2 月 28 日登入。

王维平，2000，《中国城市生活垃圾对策研究》，载《自然资源学报》第 2 期。

汪军、朱彤，2001，《二噁英类物质污染问题及其治理技术》，载《能源研究与信息》第 3 期。

吴黎明，2014，《中北欧进口垃圾发电为何民众无怨》，载《新华每日电讯》5 月 12 日，第 3 版。

吴文坤，2009，《销售 270 亿包 利乐包装袋仅回收 1 成》，来源：互联网 http://ntt. nbd. com. cn/articles/2009 - 11 - 06/251263. html，2015 年 3 月 30 日登入。

谢武名、胡勇为、刘焕彬，2004，《持久性有机污染物（POPs）的环境问题与研究进展》，载《中国环境监测》第 2 期。

阎志强，2004，《环保要讲社会公平（专家解读)》，载《市场报》10 月 29 日，第 4 版。

杨慧娣，2001，《回顾与展望：中国塑料工业发展现状与动向》，载《中国塑料》第 6 期。

应星，2001，《大河移民上访的故事》，三联书店。

——，2007，《草根动员与农民群体利益的表达机制——四个个案的比较研究》，载《社会学研究》第 2 期。

于达维，2012，《垃圾焚烧大跃进》，载《新世纪》第 2 期，来源：互联网 http://magazine. caixin. com/2012 - 01 - 06/100346363. html，2013 年 12 月 25 日登入。

曾繁旭、黄广生、刘黎明，2013，《运动企业家的虚拟组织：互联网与当代中国社会抗争的新模式》，载《开放时代》第 3 期。

赵鼎新，2005，《西方社会运动与革命理论发展之评述：站在中国的角度思考》，载《社会学研究》第 1 期。

张洁、沈骙、朱传征，2000，《二噁英与环境污染》，载《化学教育》第 6 期。

中国固废网研究院，2014，《垃圾焚烧发电行业政策与市场分析报告》，来源：互联网 http://wenku. baidu. com/view/224f305a4431 b90d6c85c7a4. html？re = view，2015 年 3 月 3 日登入。

中华人民共和国国务院，2011，《国务院批转住房城乡建设部等部门关于进一步加强城市生活垃圾处理工作意见的通知（国发〔2011〕9 号）》，来源：互联网 http://news. xinhuanet. com/politics/2011 -04/25/c_ 121346320. htm，2015 年 3 月 3 日登入。

中华人民共和国发展计划委员会、中华人民共和国财政部、中华人民共和国建设部、国家环境保护总局，2002，《关于实行城市生活垃圾处理收费制度，促进垃圾处理产业化的通知》，来源：互联网 http://www. china. com. cn/chinese/PI - c/171701. htm，2015 年 3 月 3 日登入。

中华人民共和国环保部，1998，《中国环境检测报告》，来源：互联网

http://jcs. mep. gov. cn/hjzl/zkgb/，2013 年 12 月 25 日登入。

——，2013a，《环境情况公报》，来源：互联网 http://jcs. mep. gov. cn/
hjzl/zkgb/，2013 年 12 月 25 日登入。

——，2013b，《二噁英污染防治技术政策（征求意见稿）》，来源：
互联网 http://www. zhb. gov. cn/gkml/hbb/bgth/201301/t2013011
1_ 245024. htm，2014 年 3 月 5 日登入。

中华人民共和国住房和城乡建设部，2012，《中国城市建设统计年
鉴（2012）》，中国计划出版社。

——，2012，《中国城乡建设统计年鉴（2012）》，中国计划出
版社。

中山大学人类学系，2003，《汕头贵屿电子垃圾拆解业的人类学调查
报告》，来源：互联网 http://ce. sysu. edu. cn/hope2011/Upload-
Files/Environment/2012/11/201211221133125970. pdf，2013 年 12
月 15 日登入。

朱红兵、李秀、柳凌云、王昌汉，2002，《城市生活垃圾无害化处
理工艺》，载《环境科学与技术》第 5 期。

英文

Abelmann, Nancy. 1996. *Echoes of the Past*, *Epics of Dissent*: *A South Korean Social Movement*. Berkeley: University of California Press.

Alland, Alexander, and Sonia Alland. 1994. *Crisis and Commitment*: *The Life History of a French Social Movement*. New York: Gordon and Breach.

Alvaré, Bretton. 2010. " 'Babylon Makes the Rules': Compliance,

Fear, and Self-Disicipline in the Quest for Official NGO Status. ” *Political and Legal Anthropology Review* 33 （2）.

Anagnost, Ann. 2006. “Strange Circulations: The Blood Economy in Rural China. ” *Economy and Society* 35 （4）.

Anderson, Benedict. 1983. *Imagined Communities: Reflections on the Origin and Spread of Nationalism.* London: Verso.

Appadurai, Arjun, ed. 1986. *The Social Life of Things: Commodities in Cultural.* Cambridge: Cambridge University Press.

Baabereyir, Anthony, Sarah Jewitt, Sarah O' Haraô. 2011. “Dumping on the Poor: The Ecological Distribution of Accra's Solid-Waste Burden. ” *Environment and Planning* 44.

Baudrillard, Jean. 1998. *The Consumer Society.* London: Sage Publications.

Beck, Urich. 1992. *Risk Society: Towards a New Modernity.* Calif. : Sage Publications.

Bennett, Jane. 2010. *Vibrant Matter: A Political Ecology of Things.* Durham: Duke University Press.

Berglund, Eeva K. 1998. *Knowing Nature, Knowing Science: An Ethnography of Environmental Activism.* Cambridge: White Horse Press.

Blok, Anders, and Torben Elgaard Jensen. 2012. *Bruno Latour: Hybrid Thoughts in a Hybrid World.* New York: Routledge.

Bloor, David. 1999. “Anti-Latour. ” *Studies in History and Philosophy of Science* 30 （1）.

Botetzagias, Iosif, and John Karamichas. 2009. "Grassroots Mobilisati-
ons against Waste Disposal Sites in Greece." *Environmental Poli-
tics* 18 (6).

Bray, David. 2006. "Building 'Community': New Strategies of Govern-
ance in Urban China." *Economy and Society* 35 (4).

Callon, Michel. 1986. "Some Elements of a Sociology of Translation:
Domestication of the Scallops and the Fishermen of St Brieuc Bay."
In John Law, ed., *Power, Action and Belief: A New Sociology of
Knowledge.* London, Routledge.

Chan, Stephanie. 2008. "Cross-Cultural Civility in Global Civil Society:
Transnational Cooperation in Chinese NGOs." *Global Networks* 8 (2).

Chen, Xudong, Yong Geng, and Tsuyoshi Fujita. 2010. "An Overview
of Municipal Solid Waste Management in China." *Waste Manage-
ment* 30.

Choudry, Aziz, and Dip Kapoor, eds. 2010. *Learning From the Ground
Up: Global Perspectives on Social Movements and Knowledge Produc-
tion.* New York: Palgrave Macmillan.

Choy, Timothy K. 2011. *Ecologies of Comparison: An Ethnography of
Endangerment in Hong Kong.* Durham: Duke University Press.

Cohen, Jean. 1985. "Strategy or Identity: New Theoretical Paradigms and
Contemporary Social Movements." *Social Research* 52 (4).

Collins, Harry, and Robert Evans. 2002. "The Third Wave of Science
Studied: Studies of Expertise and Experience." *Social Studies of Sci-
ence* 32 (2).

———, 2007. *Rethinking Expertise.* Chicago: University of Chicago Press.

Corburn, Jason. 2005. *Street Science: Community Knowledge and Environmental Health Justice.* Cambridge, MA: MIT Press.

Davis, Deborah, ed. 2000. *The Consumer Revolution in Urban China.* Berkeley: University of California Press.

Deleuze, Gilles, and Felix Guattari. 1977. *Anti-Oedipus: Capitalism and Schizophrenia*, trans by Robert Hurley, Mark Seem and Helen R. Lane. New York: Viking Press.

Deng, Yanhua, and Guobin Yang. 2013. "Pollution and Protest in China: Environmental Mobilization in Context. " *The China Quarterly* 214.

Douglas, Mary. 1996. *Natural Symbols: Explorations in Cosmology.* London: Barrie and Jenkins.

Edelman, Marc. 1999. *Peasants Against Globalization: Rural Social Movement in Costa Rica.* Stanford, Calif. : Stanford University Press.

———, 2001. "Social Movements: Changing Paradigms and Forms of Politics. " *Annual Review of Anthropology* (30) .

Escobar, Arturo. 1992. "Imagining a Post-Development Era? Critical Thought, Development and Social Movements. " *Social Text* 10.

Evans, Peter. 2002. "Introduction: Looking for Agents of Urban Livability in a Globalized Political Economy. " In Peter Evans ed. , *Livable Cities? Urban Struggles for Livelihood and Sustainability.* Berkeley: University of California Press.

Fang，Xiang. 2013. "Local Person's Understanding of Risk from Civil Nuclear Power in the Chinese Context." *Public Understanding of Science*（0）.

Farquhar，Judith. 2002. *Appetites：Food and Sex in Postsocialist China*. Durham，NC：Duke University Press.

Faure，David，and Helen F. Siu，eds. 1995. *Down To Earth：The Territorial Bond In South China*. Stanford，Calif.：Stanford University Press.

Ferguson，James. 2004. "Power Topographies." In David Nugent and Joan Vincent，eds.，*A Companion to the Anthropology of Politics*. Malden，MA：Blackwell Pub.

——，2006. *Global Shadows*. Durham，NC：Duke University Press.

Ferguson，James，and Akhil Gupta. 2002. "Spatializing States." *American Ethnologist* 29（4）.

Flinstein，Neil，and Doug McAdam. 2011. "Toward a General Theory of Strategic Action Fields." *Socialogical Theory* 29（1）.

Foucault，Michel. 1977. *Discipline and Punish：The Birth of the Prison*. New York：Pantheon Books.

——，1982. "The Subject and Power." In Huber L. Dreyfus and Paul Rabinow，eds.，*Michel Foucault：Beyond Structuralism and Hermeneutics*，pp. 208 – 228. Chicago：University of Chicago Press.

——，1991. "Governmentality." In G. Burchell，C. Gordon and P. Miller eds.，*The Foucualt Effect：Studies in Governmentality*，pp. 87 – 104. Hemel Hempstead：Harvester Wheatcheaf.

Franklin，Sarah. 1995. "Science of Culture，Cultures of Science." *An-*

nual Review of Anthropology 24.

Frow, John. 2003. "Invidious Distinction: Waste, Difference, and Classy Stuff." In Gay Hawkins and Stephen Muecke, eds., *Culture and Waste: The Creation and Destruction of Value.* Lanham, Md.: Rowman & Littlefield.

Ganz, Marshall. 2004. "Why David Sometimes Wins: Strategic Capacity in Social Movements." In Goodwin and Jasper eds., *Rethinking Social Movements.* Lanham: Rowman & Littlefield Publishers.

García-Pérez, Javier, Pablo Fernández-Navarro, Adela Castelló, María Felicitas López-Cima, Rebeca Ramis, Elena Boldo, and Gonzalo López-Abente. 2013. "Cancer Mortality in Towns in the Vicinity of Incinerators and Installations for the Recovery or Disposal of Hazardous Waste." *Environment International* (51).

Gille, Zsuzsa. 2002. "Social and Spatial Inequalities in Hungarian Environmental Politics." In Peter Evans ed., *Livable Cities? Urban Struggles for Livelihood and Sustainability*, pp. 67 – 94. Berkeley: University of California Press.

Gledhill, John. 1994. *Power and Its Disguises: Anthropological Perspectives on Politics.* London: Pluto Press, 1994.

——, 2004. "Neoliberalism." In David Nugent and Joan Vincent, eds., *A Companion to the Anthropology of Politics.* Malden, MA: Blackwell Pub.

Goven, Joanna. 2008. "Assessing Genetic Testing: Who are the 'Lay Experts'?" *Health Policy* (85).

Goldman, Mara, Paul Nadasdy, and Matt Turner, eds. 2011. *Knowing Nature: Conversations at The Intersection of Political Ecology and Science Studies*. Chicago: University of Chicago Press.

Gramsci, Antonio. 1995. *Further Selections from the Prison Notebooks*, ed. and trans. by Derek Boothman. Minneapolis: University of Minnesota Press.

Greenhalgh, Susan. 2008. *Just One Child: Science and Policy in Deng's China*. Berkeley: University of California Press.

Gupta, Akhil. 1995. "Blurred Boundaries: The Discourse of Corruption, the Culture of Politics, and the Imagined State." *American Ethnologist* 22 (2).

——, 1998. *Postcolonial Developments: Agriculture in the Making of Modern India*. Durham, N. C. : Duke University Press.

Hall, Stuart. 1988. *The Hard Road to Renewal*. London: Verso.

Hansen, Mette Halskov, and Rune Svarverud, eds. 2010. *iChina: The Rise of the Individual in Modern Chinese Society*. Copenhagen: NIAS Press.

Haraway, Donna. 1989. *Primate Visions: Gender, Race and Nature in the World of Modern Science*. N. Y. : Routledge.

Hart, Keith. 1973. "Informal Income Opportunities and Urban Employment in Ghana." *The Journal of Modern African Studies* 11 (1).

Harvey, David. 1997. "Contested Cities: Social Processand Spatial Form." In N. Jewson and S. MacGregor eds. , *Transforming Cities: Contested Governance and New Spatial Divisions*. London: Routledge.

Hathaway, Michael. 2013. *Environmental Winds: Making the Global in Southwest China.* Berkeley, CA: University of California Press.

Hawkins, Gay. 2003. "Down the Drain: Shit and the Politics of Disturbance." In Gay Hawkins and Stephen Muecke, eds. , *Culture and Waste: The Creation and Destruction of Value.* Lanham, Md. : Rowman & Littlefield.

——, 2006. *The Ethics of Waste: How We Relate to Rubbish.* Lanham, Md. : Rowman & Littlefield Publishers.

Hawkins, Gay, and Stephen Muecke. 2003. "Introduction: Cultural Economies of Waste. " In Gay Hawkins and Stephen Muecke, eds. , *Culture and Waste: The Creation and Destruction of Value.* Lanham, Md. : Rowman & Littlefield.

Hemment, Julie. 2004. "The Riddle of the Third Sector: Civil Society, International Aid, and NGOs in Russia. " *Anthropology Quarterly* 77 (2) .

Herrold-Menzies, Melinda. 2010. "Peasant Resistance against Nature Reserves. " In Hsing, You-Tien and Ching Kwan Lee, eds. , *Reclaiming Chinese Society: The New Social Activism,* London: Routledge.

Heurlin, Christopher. 2010. "Governing Civil Society: The Political Logic of NGO – State Relations under Dictatorship. " *International Journal of Voluntary and Nonprofit Organizations* 21 (2) .

Hird, Myra. 2012. "Knowing Waste: Towards an Inhuman Epistemology. " *Social Epistemology: A Journal of Knowledge, Culture and Policy* 26 (3 –4) .

Ho, Peter. 2001. "Greening Without Conflict? Environmentalism, NGOs and Civil Society in China. " *Development and Change* 32.

Hobsbawn, Eric. 1982. *Culture, Ideology, and Politics: Essays for Eric Hobsbawm.* Raphael Samuel and Gareth Stedman Jones eds. London: Routledge & Kegan Paul.

——, 1998. *Uncommon People: Resistance, Rebellion and Jazz.* New York: New Press: Distributed by Norton.

Hobsbawn, Eric, and Terence Ranger, eds. 1983. *The Invention of Tradition.* Cambridge: Cambridge University Press.

Hornborg, Alf. 2014. "Technology as Fetish: Marx, Latour, and the Cultural Foundations of Capitalism. " *Theory, Culture & Society* 31 (4) .

Howell, Jude. 2005a. "Introduction. " In Jude Howell and Diana Mullingan eds. , *Gender and Civil Society: Transcending Boundaries*, London: Routledge.

——, 2005b. "Women's Organizations and Civil Society in China: Making a Difference. " In Jude Howell and Diana Mullingan eds. , *Gender and Civil Society: Transcending Boundaries*, London: Routledge.

——, 2007. "Gender and Civil Society: Time for Cross-Border Dialogue. " *Social Politics* 14 (4) .

Hsiao, Hsin-Huang Michael, and Hwa-Jen Liu. 2002. "Collective Action toward a Sustainable City Citizens' Movements and Environmental Politics in Taipei. " In Peter Evans ed. , *Livable Cities? Urban Struggles for Livelihood and Sustainability.* Berkeley: University of California Press.

Hsing, You-Tien, and Ching Kwan Lee, eds. 2010. *Reclaiming Chinese Society: The New Social Activism*. London: Routledge.

Hoffman, Lisa. 2006. "Autonomous Choices and Patriotic Professionalism: On Governmentality in Late-socialist China." *Economy and Society* 35 (4).

Huang, Shu-min. 1998. *The Spiral Road: Change in a Chinese Village through the Eyes of a Communist Party Leader*. Boulder, Colo.: Westview Press.

Huang, Philip. 2009. "China's Neglected Informal Economy: Reality and Theory." *Modern China* 35 (4).

Ikegami, Yoshihiko. 2012. "People's Movement under the Radioactive Rain." *Inter-Asia Cultural Studies* (13).

Jasanoff, Sheila. 2003. "Breaking the Waves in Science Studies: Comment on H. M. Collins and Robert Evans, 'The Third Wave of Science Studies'." *Social Studies of Science* 33 (3).

——, 2004. *State of Knowledge: The Co-Production of Science and the Social Order*. London: Routledge.

Jing, Jun. 2000. "Environmental Protests in Rural China." In Elizabeth J. Perry and Mark Sheldon, eds., *Chinese Society: Change, Conflict and Resistance*. London: Routledge.

Johnson, Thomas. 2010. "Environmentalism and NIMBYism in China: Promoting a Rules-Based Approach to Public Participation." *Environmental Politics* 19 (3).

——, 2013. "The Health Factor in Anti-Waste Incinerator Campaigns in Beijing and Guangzhou. " *The China Quarterly* 214.

Jeffreys, Elaine. 2006. "Governing Buyers of Sex in the People's Republic of China. " *Economy and Society* 35 (4) .

Jones, K. C. , and P. de Voogt. 1999. "Persistent Organic Pollutant (POPs): State of the Science. " *Environmental Pollution* 100.

Karatzogianni, Athina, and Andrew Robinson. 2010. *Power, Resistance, and Conflict in the Contemporary World: Social Movements, Networks, and Hierarchies.* New York, NY: Routledge.

Kennedy, Greg. 2007. *An Ontology of Trash: The Disposable and Its Problematic Nature.* Albany, NY: State University of New York Press.

Khoo, Su-Ming, and Henrike Rau. 2009. "Movements, Mobilities and the Politics of Hazardous Waste. " *Environmental Politics* 18 (6) .

Kipnis, Andrew. 1997. *Producing Guanxi: Sentiment, Self, and Subculture in a North China village.* Durham, NC: Duke University Press.

Kleinman, Arthur. 1995. "A Critique of Objectivity in International Health. " In *Writing at The Margin: Discourse Between Anthropology and Medicine.* Berkeley: University of California Press.

Laclau, Ernesto, and Chantal Mouffe. 2001. *Hegemony and Socialist Strategy: Towards a Radical Democratic Politics.* London: Verso.

Laird, Lance D. , and Wendy Cadge. 2010. "Negotiating Ambivalaence: The Social Power of Muslim Community-Based Health Organizations in America. " *Political and Legal Anthropology Review* 33 (2) .

Lang, Graeme, and Ying Xu. 2013. "Anti-Incinerator Campaigns and the Evolution of Protest Politics in China. " *Environmental Politics* 22 (5) .

Laporte, Dominique. 2000. *History of Shit*, trans. by Nadia Benabid and Rodolphe el-Khoury. Cambridge, Mass. : MIT Press.

Latour, Bruno. 1987. *Science in Action: How to Follow Scientists and Engineers through society.* Cambridge, MA: Harvard University Press.

——, 1988. *The Pasteurization of France*, trans by Alan Sheridan and John Law. Cambridge, MA: Harvard University Press.

——, 1993. *We Have Never Been Modern*, trans by Catherine Porter. New York: Harvester Wheatsheaf.

——, 1999. "Discussion: For David Bloor. . . and Beyond: A Reply to David Bloor's ' Anti-Latour' . " *Studies in History and Philosophy of Science* 30 (1) .

——, 2005. *Reassembling the Social: An Introduction to Actor-Network-Theory.* Oxford: Oxford University Press.

Latour, Bruno, and Woolgar, Steve. 1979. *Laboratory Life: The Construction of Scientific Facts.* New Jersey: Princeton University Press.

Laurian, Lucie, and Richard Funderburg. 2014. "Environmental justice in France? A spatio-temporal analysis of incinerator location. " *Journal of Environmental Planning and Management* 57 (3) .

Law, John. 2004. *After Method: Mess in Social Science Research.* London: Routledge.

Leonard, Liam, Honor Fagan, and Peter Doran. 2009. "A Burning Issue? Governance and Anti-Incinerator Campaigns in Ireland, North and South. ” *Environmental Politics* 18 （6）．

Lemke, Thomas. 2002. “Foucault, Governmentality, and Critique. ” *Rethinking Marxism* 14 （3）．

Lora-Wainwright, Anna. 2009. “Of Farming Chemicals and Cancer Deaths: The Politics of Health in Contemporary Rural China. ” *Social Anthropology* 17 （1）．

——, 2013. *Fighting For Breath: Living Morally and Dying of Cancer in a Chinese Village.* Honolulu: University of Hawai’i Press.

Ma, Qiusha. 2002. “The Governance of NGOs in China Since 1978: How Much Autonomy?” *Nonprofit and Voluntary Sector Quarterly* 31.

Martens, Susan. 2006. “Public Participation with Chinese Characteristics: Citizen Consumers in China’s Environmental Management. ” *Environmental Politics* 15 （2）．

Medina, Laurie Kroshus. 2010. “When Government Targes ‘the State’: Transnational NGO Government and the State in Belize. ” *Political and Legal Anthropology Review* 33 （2）．

Melucci, Alberto, 1985. “The Symbolic Challenge of Contemporary Movements. ” *Social Research* 52.

——, 1989. *Nomads of The Present: Social Movements and Individual Needs in Contemporary Society*, J. Keane and P. Mier, eds. Philadelphia: Temple University Press.

——, 1992. “Liberation or Meaning? Social Movements, Culture and Democracy. ” *Development and Change* 23 （3）．

Mertha, Andrew. 2008. *China's Water Warriors: Citizen Action and Poli-cy Change.* Ithaca: Cornell University Press.

Mertz, Elizabeth, and Andria Timmer. 2010. "Introduction: Getting it Done: Ethnographic Perspectives on NGOs. " *Political and Legal Anthropology Review* 33 (2).

Michaud, Kristy, Juliete, Carlisle, and Ericr, Smith. 2008. "Nimbyism Vs. Environmentalism in Attitudes toward Energy Development. " *En-vironmental Politics* 17 (1).

Milton, Kay. 1993. *Environmentalism: The View from Anthropology.* London: Routledge.

——, 1996. *Environmentalism and Cultural Theory: Exploring the Role of Anthropology in Environmental Discourse.* N. Y. : Routledge.

Mol, Arthur. 2006. "Environment and Modernity in Transitional China: Frontiers of Ecological Modernization. " *Development and Change* 37 (1).

Mol, Arthur, and Neilt, Cater. 2006. "China's Environmental Govern-ance in Transition. " *Environmental Politics* 15 (2).

Moore, Sarah. 2010. "Global Garbage: Waste, Trash Trading, and Lo-cal Garbage Politics. " In Richard Peet, Paul Robbins and Michael Watts, eds. , *Global Political Ecology*, London: Routledge.

Muecke, Stephen. 2003. "Devastation. " InGay Hawkins and Stephen Muecke, eds. , *Culture and Waste: The Creation and Destruction of Value.* Lanham, Md. : Rowman & Littlefield.

O' Brien, Kevin J. , and Lianjiang Li. 2006. *Rightful Resistance in Rural*

China. New York: Cambridge University Press.

O' Brien, Martin. 2007. *A Crisis of Waste? Understanding the Rubbish Society.* London: Routledge.

Ong, Aihwa. 1991. "The Gender and Labor Politics of Postmodernity." *Annual Review of Anthropology* 20.

Rip, Arie. 2003. "Constructing Expertise: In a Third Wave of Science Studies?" *Social Studies of Science* 33 (3).

Rootes, Christopher. 2009a. "Environmental Movements, Waste and Waste Infrastructure: An Introduction." *Environmental Politics* 18 (6).

——, 2009b. "More Acted Upon than Acting? Campaigns against Waste Incinerators in England." *Environmental Politics* 18 (6).

Rootes, Christopher, and Liam Leonard. 2009. "Environmental Movements and Campaigns against Waste Infrastructure in the United States." *Environmental Politics* 18 (6).

Rooij, Benjamin Van. 2010. "The People Vs. Pollution: Understanding Citizen Action against Pollution in China." *Journal of Contemporary China* 19 (63).

Salmenniemi, Suvi. 2005. "Civic Activity-Feminine Activity? Gender, Civil Society and Citizenship in Post-Soviet Russia." *Sociology* 39 (4).

Scott, James C. 1985. *Weapons of the Weak: Everyday Forms of Peasant Resistance.* New Haven: Yale University Press.

——, 1990. *Domination and the Arts of Resistance: Hidden Transcripts.* New Haven: Yale University Press.

——, 1998. *Seeing Like a State: How Certain Schemes to Improve the*

Human Condition Have Failed. New Haven: Yale University Press.

Shapin, Steven, and Simon Schaffer. 2011. *Leviathan and The Air-pump: Hobbes, Boyle, and The Experimental Life.* Princeton: Princeton University Press.

Shapiro, Stuart. 1997. "Caught in a Web: The implications of Ecology for Radical Symmetry in STS." *Social Epistemology* 11 (1).

Shen, Hung-Wen, and Yue-Hwa Yu. 1997. "Social and Economic Factors in the Spread of the NIMBY Syndrome against Waste Disposal Sites in Taiwan." *Journal of Environmental Planning and Management* 40 (2).

Sigley, Gary. 2006. "Chinese Governmentalities: Government, Governance and the Socialist Market Economy." *Economy and Society* 35 (4).

Sismondo, Sergio. 2010. *An Introduction to Science and Technology Studies.* Chichester, West Sussex, U. K. : Wiley-Blackwell.

Strasser, Susan. 1999. *Waste and Want: A Social History of Trash.* New York: Metropolitan Books.

Tang, Shui-Yan, and Zhan Xueyong. 2008. "Civic Environmental NGOs, Civil Society, and Democratisation in China." *Journal of Development Studies* 44 (3).

Taussig, Michael. 1980. *The Devil and Commodity Fetishism in South America.* Chapel Hill: University of North Carolina Press.

——, 2003. "Miasma." In Gay Hawkins and Stephen Muecke, eds. , *Culture and Waste: The Creation and Destruction of Value.* Lanham, Md. : Rowman & Littlefield.

Timmer, Andria. 2010. "Construting the 'Needy Subject': NGO discourses of Roma need." *Political and Legal Anthropology Review* 33 (2).

Thompson, Edward Palmer. 1965. *The Making of the English Working Class.* London: Gollancz.

Thompson, Michael. 1979. *Rubbish Theory: The Creation and Destruction of Value.* Oxford: Oxford University Press.

Tilly, Charles. 2008. *Contentious Performances.* Cambridge: Cambridge University Press.

Tilly, Charles, and Lesley J. Wood. 2009. *Social Movements, 1768 – 2008.* Boulder: Paradigm Publishers.

Tilt, Bryan. 2010. *The Struggle for Sustainability in Rural China: Environmental Values and Civil Society.* New York: Columbia University Press.

Tomba, Luigi. 2004. "Creating an Urban Middle Class: Social Engineering in Beijing." *The China Journal* (51).

Touraine, Alain. 1988. *The Return of the Actor.* Minneapolis: University of Minnesota Press.

Vannier, Christian. 2010. "Audit Culture and Grassroots Participation in Rural Haitian Development." *Political and Legal Anthropology Review* 33 (2).

Watson, Matt, and Harriet Bulkeley. 2005. "Just Waste? Municipal Waste Management and the Politics of Environmental Justice." *Local Environment* 10 (4).

Weller, Robert. ed. 2005. *Civil Life, Globalization, and Political*

Change in Asia: *Organizing Between Family and State*. London: Routledge.

———, 2006. *Discovering Nature*: *Globalization and Environmental Culture in China and Taiwan*. Cambridge: Cambridge University Press.

Whiteside, Kerry. 2013. "A Representative Politics of Nature? Bruno Latour on Collectives and Constitutions." *Contemporary Political Theory* (12).

Whittle, Andrea, and André Spicer. 2008. "Is Actor Network Theory Critique?" *Organization Studies* 29 (4).

Wilk, Richard R., and Lisa Cliggett. 2007. *Economies and Cultures*: *Foundations of Economic Anthropology*. Boulder, Colorado: Westview Press.

Wynne, Brain. 1987. *Risk Management and Hazardous Waste*: *Implementation and the Dialectics of Credibility*. London: Springer Verlag.

———, 1996. "May the Sheep Safely Graze? A Reflexive View on the Expert-Lay Knowledge Divide." In Scott Lash, Bronislaw Szerszynski and Brian Wynne, eds., *Risk, Environment and Modernity*: *Towards a New Ecology*. London, UK: Sage,

———, 2001. "Creating Public Alienation: Expert Cultures of Risk and Ethics on GMOs." *Science as Culture* (10).

———, 2003. "Seasick on the Third Wave? Subverting the Hegemony of Propositionalism." *Social Studies of Science* 33 (3).

Wu, Fengshi. 2002. "New Partners or Old Brothers? GONGOs in Transnational Environmental Advocacy in China." *China Environment*

Series 5.

Yan, Yunxiang. 1996. *The Flow of Gifts: Reciprocity and Social Networks in a Chinese Village*. Stanford, Calif.: Stanford University Press.

——, ed. 2003. *Private Life under Socialism: Love, Intimacy, and Family Change in a Chinese Village*. Stanford, CA: Stanford University Press.

Yang, Guobin. 2010. "Civic Environmentalism." In Hsing, You-Tien and Ching Kwan Lee, eds., *Reclaiming Chinese Society: the New Social Activism*, pp. 119 – 39. London: Routledge.

Yang, Mayfair Mei-hui. 1994. *Gifts, Favors, and Banquets: The Art of Social Relationships in China*. Ithaca, N. Y.: Cornell University Press.

Yeh, Emily. 2013. *Taming Tibet: Landscape Transformation and the Gift of Chinese Development*. Ithaca, NY: Cornell University Press.

Zhang, Joy Y., and Micheal Barr. 2013. *Green Politics in China : Environmental Governance and State-society Relations.* London: Pluto Press.

Zhang, Li. 2010. *In Search of Paradise: Middle-Class Living in a Chinese Metropolis. Ithaca N. Y. :* Cornell University Press.

Zhang, Li, and Aihwa Ong, eds. 2008. *Privatizing China: Socialism From Afar.* Ithaca: Cornell University Press.

后　记

在大都会发现“地方”[*]

　　这是一个被塑料大棚笼罩密闭的空间，里面种满藤蔓植物。我硬着头皮站在这里，脊柱僵直、双腿发抖、手心冒汗。这块大棚是一个研究所的试验田，不过实验培养的对象并非农作物，而是一种以垃圾为食的昆虫——黑水虻。其幼虫是一种黑色的软体蠕虫，成虫则羽化成蛾，在这个封闭空间里密集地回旋飞舞。对于恐惧昆虫的我来说，这简直是难熬的酷刑。站在我身旁的，是研究这种昆虫的科学家。我本应抓住机会好好访谈他，却在惊吓中语无伦次。这是一个研发昆虫处理垃圾技术的实验场。为了调查废弃物的环境治理和环保行动，这样的实验场所，都成了我田野的重要调研点。

　　带着充分准备、足以支撑一年生活的行李箱，以及一份几经修改、针对环境治理的研究计划，我来到了 A 市。进行一年左右的田野调查，是人类学博士论文的一个惯例。研究者需要长期参与社区

---

[*]　原文载于《开放时代》，略有改动。

生活，在理解当地文化语境与生活节律的基础上展开调查。不过，我的研究并非像经典的人类学那样，针对一个边界相对封闭的社区，研究其"地方文化"。我的田野是 A 市这样的一个地域广阔、现代化的、国际化的大都会。在这样的大都会当中，"地方文化"是否仍然具有重要意义呢？我是否依然保有那种人类学研究者特有的、捕捉地方文化的文化敏感性呢？我试图进行多点（multi-sited）民族志研究——穿梭于不同的社区、空间、设施、场景与场域，观察和访谈不同的群体，其目的是"追踪一种物"（follow the thing）（Marcus，1995），即废弃物，以理解其污染、治理以及相应的环保行动。计划看似周全，我却忐忑不安，身处如此广阔又多元的空间，应该如何整合收集到的海量、繁杂的资料，使之在地方文化的背景中产生有意义的关联呢？

先从田野的"进入"说起。"进入"之难本不足道，这本就是田野工作的一部分。不过，"进入"所遭遇的不同的问题，深刻地影响随后的发现以及问题意识。大都市的挑战恰恰在于，表面上，进入太容易了！这和我自己以往习惯的、娴熟的，针对农村社区或底层群体的"向下研究"的经验大不相同。在 A 市，我用手机查询网上信息，就可以轻易获知一个公众环保活动的时间地点。活动结束后我走上前去和环保者们接触，微笑、握手、自我介绍、交换名片，一切都非常礼貌、友善、得体，他们会说"好啊，欢迎你来做研究"。然而，接下来呢？从礼仪上的接受，到真正研究关系的建立，更像是一次次微妙的互相试探、一场最后不一定会公布成绩的考试。

因为许多耗费时间的、真诚的努力，加上一个意外的契机，我通过了这场"考试"。此时我已在外围盘旋了三个多月，收集到了一些概况性的资料，也找到了"对的"报告人。这是一个致力于废弃物治理的环保组织。一起吃了很多顿饭、在办公室泡了许多个小时，我仍苦于无法"深度"进入参与。当时一个小的假期刚刚过去，偶然闲谈，有人问我这几天做了什么。我回答说，去了本市的一个历史旅游景点，我很喜欢那里。他突然眼睛发亮，心领神会地看着我，大声说"我最喜欢那里！那里的气场很不同！"都懂得欣赏这座城市的一个标志性的地点，我们成了能够交心的"自己人"。对我而言，收获了友谊，这当然是一个令人愉快的结果。更重要的是，就像拼图一样，我找到了表面上看似无关、实际上至关重要的一块。我原以为我们共享的是一种历史的情怀。然而，随着其他拼图的陆续收获，我意识到，当地的环保人，对当地文化保育以及地方历史的采集，有着强烈的关心和浓厚兴趣。真正驱动他们的，不是抽象的历史情怀，而是具体的地方性。我最初试图观察的是，环保主义这样一种全球性的文化是如何在当地实践的。这块看似无关的拼图意外地回应了我：当地环保行动有着全球化和反全球化的双重机制，一方面，全球性的环保实践在地方被学习和践行，另一方面，环保文化又不是简单地在当地被复制和传播，"地方性"也在环保主义这场全球性实践中被不断重塑。而当地环保者的地方认同与地方性知识在这个双重过程中发挥着至关重要的作用。

随着研究关系的紧密搭建，田野工作日渐柳暗花明。我在写字楼、居民楼盘踞，亲眼观察人们如何丢弃垃圾、谈论垃圾；观察在狭窄的大厦电梯里，城市白领、清洁工人、环保者、人类学者如何与一袋垃圾不期而遇。通过和废弃物设备企业家喝茶、和清洁工人聚餐、和环保组织的一顿顿简洁又美味的 AA 制工作餐，我收集各种群体对自然、对环境、对垃圾的认知和理解。我走访大型公共设施，在垃圾填埋场的垃圾海洋带来的视觉震撼和嗅觉冲击当中，重新感受作为城市"排泄物"的垃圾。我在看似高效、洁净、环保的垃圾焚烧厂，观看废弃物的意义如何被科技重新界定，"垃圾""环保"的概念如何同时被环保者和科技争夺。我不断走访一个市政堆肥厂，在生产线旁边和工程师坐下来聊垃圾，厨余发酵的气味和山风的清香轮番袭来，我尝试透过这个最终遭遇挫败的市政项目，再一次反思废弃物的治理困局。我还有幸参加环保组织的一个垃圾分类项目，作为志愿者"站桶"，站在楼道垃圾桶旁边，劝说人们进行垃圾分类。通过如此近距离的互动乃至碰撞，我从最微观的角度观察人们为什么就是不愿意对垃圾做出分类。我还参加不同层级的政府部门的大小会议、研讨，聆听管理者、专家探讨废弃物治理，从更加宏观的视角看待垃圾分类的市政系统工程。

如此，我在大都市追溯废弃物，不断整合、链接、编绘着废弃物的意义之网。关于当地废弃物治理的图景日益完善、清晰。而这张图的点睛之笔，来自一次与"地方"相关的对话。一次，我和我的导师林舟（美国人，来 A 市几天探视我的田野）站在一张"A市垃圾组份"的饼图前，研究废弃物的环境工程师热情地介绍，他们是如何连续数年在臭气熏天的垃圾场采样，分析 A 市垃圾的成分的。"厨余垃圾比例高。我们不像你们老外"，工程师对林舟点点头，"你们只吃牛排、汉堡，我们 A 市的饮食文化丰富，厨余垃圾的内容也多！"林舟立刻皱了皱鼻子，笑了起来，微微摇头表示抗议，意思是"我们'老外'可不是只吃牛排、汉堡！"他当然不同意这一说法——不仅仅他们的食物要丰富得多，"他们老外"也根本不是同一群人！这个意外的碰撞对我来说极富启示。我注意到，即使是科学家，也无时无刻不处于一种对于当地的文化想象当中。而正是这种想象，这种对于"我们"和"他们"差异的比较，这种对于地方建构（place-making）的持续努力，构成了其科学实践的语境。随后的田野中，我不断地遭遇这种对于地方的构想。我注意到，人们在讨论一个好的环境治理、好的环境技术时，实际上讨论的是"适合于当地的"方案。而每一个环境抗议、技术争论，总是暗含着对于"我们 A 市"的理解和再建构。环境行动总是发生在当地的意义之网中。也只有在当地的意义之网中，废弃物及其治理问题才可以被真正深刻地理解。

　　一般来说，人类学研究异文化，借助的正是一种"距离感"和"陌生感"，通过观察他文化，反思自己所处之文化，乃至人类的文化，并不断求索普遍性与特殊性的边界。在我的研究中，我研究的是"自己的社会"，好像是一种"家乡人类学"，田野又是现代化的大都市，我丧失了文化敏感吗？是，也不是。我不认为我们都是中国人、城市人、广义上的中间阶层，就共享着同一种文化。A 市当地环保行动者，社会阶层高、受教育水平高，和媒体、学界打交道多，国际经验比我还丰富。说起来，他们比我卷入现代化更早、程度更深。而我也不是一个来自文化中心的学者，来探察当地土著的某种"地方性知识"。我的访谈对象，环保者和技术专家，他们有着国际化的环境文化、专业性的科学知识。我观察像昆虫研究所之类的实验场，这样的场所既是高科技的，又是地方的；这里生产的知识既是科学知识，又是地方性知识。因此，这绝对不是那种

"现代"对"前现代"的探究、"中心"对"地方"的观看。我更愿意用"多元相遇"来形容我和报告人在田野的互动。我和研究对象之间有疏离、有紧张，我丧失了以往针对农村社区、底层群体调研的那种习以为常的程式化和控制感。而正是这种张力和尴尬，使得我保有一种敏锐和警觉。对于田野中多元互动的反思，启示了我对于"地方"与"全球化"之间、"文化"与"科学"之间的动态关系的再思考，而这正是大都会带来的灵感与机遇。

图书在版编目（CIP）数据

垃圾之战：废弃物的绿色治理、科技争议与环保行动/张劼颖著．－－北京：社会科学文献出版社，2022.6

（当代中国社会变迁研究文库）

ISBN 978－7－5201－9949－0

Ⅰ.①垃…　Ⅱ.①张…　Ⅲ.①城市－垃圾处理－研究－中国　Ⅳ.①X799.305

中国版本图书馆 CIP 数据核字（2022）第 054546 号

当代中国社会变迁研究文库
垃圾之战：废弃物的绿色治理、科技争议与环保行动

著　　者／张劼颖
译　　者／无

出 版 人／王利民
责任编辑／王　展
责任印制／王京美

出　　版／社会科学文献出版社
　　　　　地址：北京市北三环中路甲 29 号院华龙大厦　邮编：100029
　　　　　网址：www.ssap.com.cn
发　　行／社会科学文献出版社（010）59367028
印　　装／三河市东方印刷有限公司

规　　格／开本：787mm × 1092mm　1/16
　　　　　印　张：13.25　字　数：153 千字
版　　次／2022 年 6 月第 1 版　2022 年 6 月第 1 次印刷
书　　号／ISBN 978－7－5201－9949－0
定　　价／69.00 元

读者服务电话：4008918866